Bernward Janzing

# Solare Zeiten

Die Karriere der Sonnenenergie

Eine Geschichte von
Menschen mit Visionen und
Fortschritten der Technik

Picea Verlag

# Impressum

**Picea Verlag**
Freiburg 2011

Redaktionsschluss: 17. März 2011

**Vertrieb der Buchhandelsausgabe:**
Picea Verlag Freiburg 2011
Bernward Janzing
Wilhelmstraße 24 a
79098 Freiburg
www.piceaverlag.de

Herausgeber und Autor:  Bernward Janzing

Gestaltung und Grafik:  Andreas Weindel
Bettina Kuny
Hans-Peter Schäuble
triolog Freiburg

Schlussredaktion:  Wilm Steinhäuser, Breisach

Druck:  fgb, Freiburg
Gedruckt auf FSC-zertifiziertem Papier

MIX
Papier aus verantwor-
tungsvollen Quellen
FSC
www.fsc.org   FSC® C011100

**ISBN: 978-3-9814265-0-2**

# Inhaltsverzeichnis

Solarnachrichten aus dem All: Symphonie 1 heißt der erste westeuropäische Nachrichtensatellit. Er startet im Dezember 1974 – natürlich mit Solarmodulen an Bord

# Jeden Tag ein Spaceshuttle

JAHR
**1954**

KAPITEL
**01**

Die Solarenergie beginnt in der Raumfahrt – entsprechend sind die
frühen Ideen vor allem eines: gigantisch

**D**ie Überschrift ist dürftig, der nachfolgende Text reichlich knapp. „Strom aus Sonnenlicht" ist die Meldung betitelt, mit der die *Frankfurter Allgemeine Zeitung* am 28. April 1954 ihre Leser über die Erfindung der Solarzelle informiert. Auf mageren 13 Zeilen handelt die Zeitung das Thema ab. Denn es ahnt niemand, welche Bedeutung diese Technik einmal erlangen wird.

Für die physikalische Grundlagenforschung ist die Entdeckung gleichwohl ein großer Erfolg: Die Forscher Daryl Chapin, Calvin Fuller und Gerald Pearson haben den Mitgliedern der Nationalen Akademie der Wissenschaften in Washington kristalline Siliziumzellen präsentiert, die vier bis sechs Prozent des Sonnenlichtes in Strom umwandeln. Eine Leistung von rund 50 Watt pro Quadratmeter ist so zu erzielen. Der photoelektrische Effekt, den Alexandre Edmond Becquerel 1839 entdeckte, ist damit erstmals praktisch nutzbar.

Die Wissenschaftler arbeiten in den Labors der amerikanischen Telefongesellschaft Bell in New Jersey, quasi im Nebenzimmer der Transistorforschung. Und wie es sich für eine Telefongesellschaft gehört, belegen die Erfinder an jenem denkwürdigen Tag im April 1954 die Funktion der Solarzelle, indem sie mit dem Sonnenstrom telefonieren. Ohne Batterie.

Das Wort Solarzelle kennt zu diesem Zeitpunkt noch niemand, das Wort Photovoltaik erst recht nicht. Manche sprechen schlicht von einem „Generator", andere von einer „Sonnenbatterie". Doch so richtig interessiert das Thema niemanden, außer eben die Wissenschaft. Schließlich wird Strom traditionell mit Wasserkraft und Kohle erzeugt. Und für die Zukunft gibt es die Atomspaltung. Erst wenige Monate zuvor hat US-Präsident Dwight D. Eisenhower in New York sein Programm „Atoms for Peace" lanciert, Atome für den Frieden. Was will man da mit Sonnenzellen?

Dass Halbleiter schon bald das Leben verändern werden, spüren die Menschen freilich sehr wohl. Es beflügelt zu dieser Zeit der Transistor die Fantasie, eine technische Revolution deutet sich an in der Datenverarbeitung und in der Unterhaltungselektronik. Mit dem Transistor, schwärmt im Juni 1954 *Der Spiegel*, könne man zum Beispiel „mühelos Rundfunkgeräte von Zigarettenschachtel-Format herstellen." Und es könne bald „die Sekretärin ihre Rechenmaschine neben Lippenstift und Spiegel bequem in der Handtasche tragen".

Weil die Solarzelle allerdings rein technisch vom Transistor so weit nicht entfernt ist, kriegt das Nachrichtenmagazin dann auch die Kurve von der Handtasche zur „amerikanischen Sonnenbatterie" aus den Bell-Labors: „Schon die Lichtteilchen der Sonnenstrahlen genügen, um im

## Strom aus Sonnenlicht

**Washington,** 27. April (dpa). Amerikanische Wissenschaftler haben einen Generator konstruiert, der aufgefangenes Sonnenlicht in elektrischen Strom verwandeln soll. Der Generator wurde in Washington auf der Jahrestagung der Wissenschaftlichen Akademie vorgeführt. Er besteht aus kreisförmig angelegten Streifen von Silizium, die das Sonnenlicht auffangen und die gewonnene elektrische Energie einer Batterie zuführen sollen. Die Erfinder glauben, etwa sechs Prozent der Sonnenlichtenergie umwandeln zu können.

*Frankfurter Allgemeine Zeitung,*
*28. April 1954*

■ →

Spitzname Pampelmusen-Satellit: Vanguard 1 bringt 1958 die erste Solarzelle ins All

■ →

Kostbarer Halbleiter: Bei Vanguard 1 kostet das Watt Photovoltaik noch 2000 Dollar

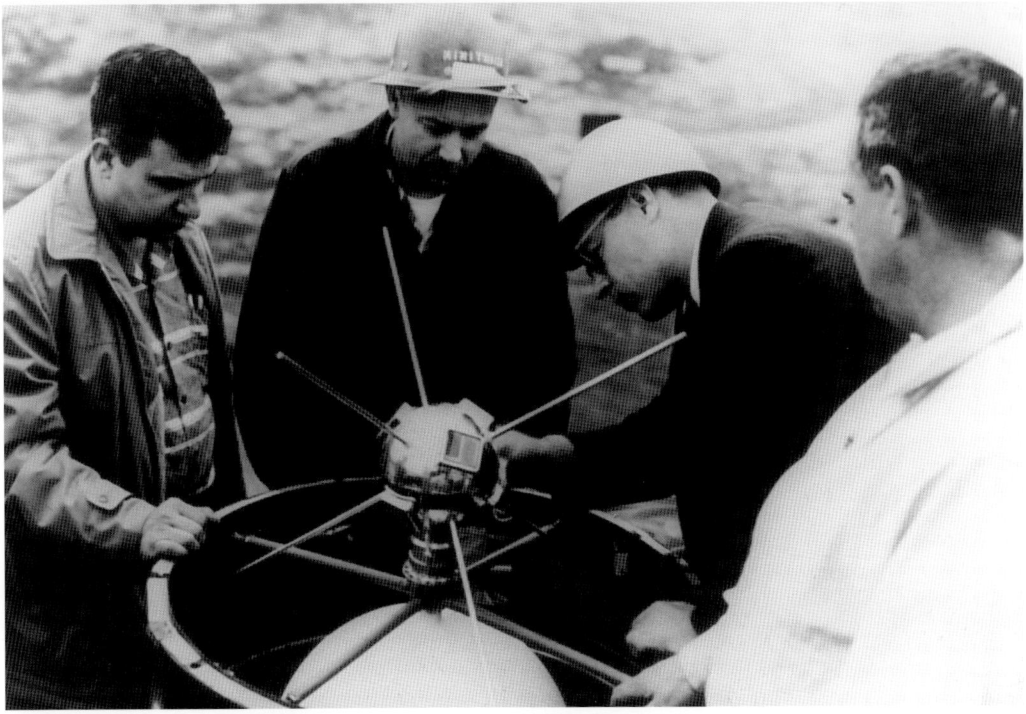

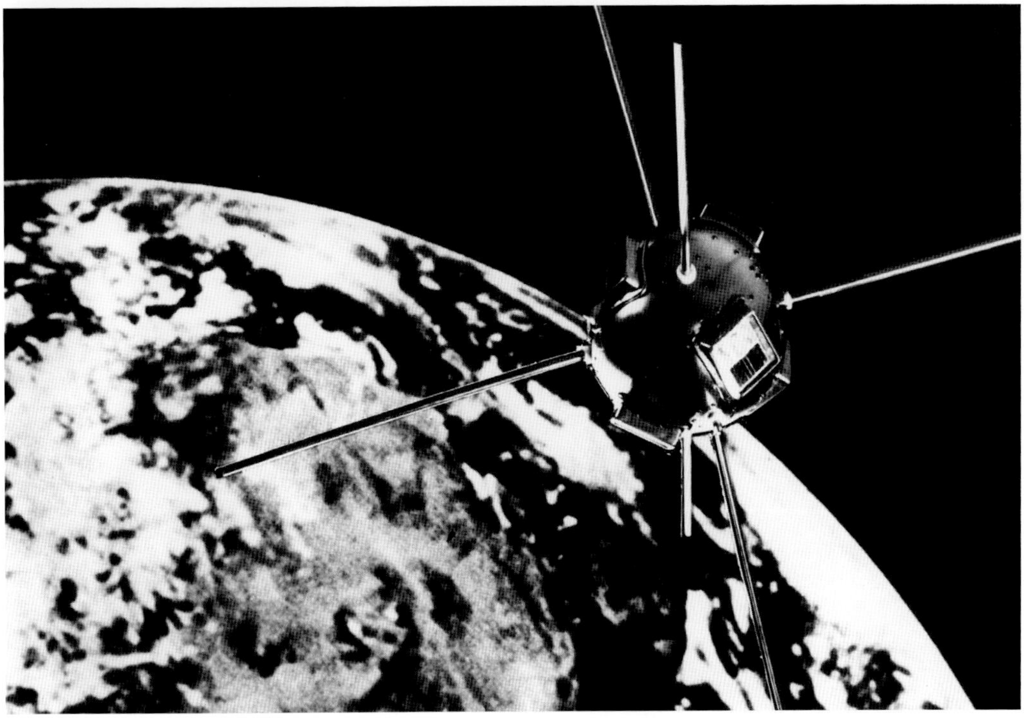

SIMPLE AND EFFICIENT—The *Bell Solar Battery* is made of thin, specially treated strips of silicon, an ingredient of common sand. It needs no fuel other than the light from the sun itself. Since it has no moving parts and nothing is consumed or destroyed, the *Bell Solar Battery* should theoretically last indefinitely.

## New Bell Solar Battery Converts Sun's Rays Into Electricity

**Bell Telephone Laboratories demonstrate new device for using power from the sun**

Scientists have long reached for the secret of the sun. For they have known that it sends us nearly as much energy daily as is contained in all known reserves of coal, oil and uranium.

If this energy could be put to use there would be enough to turn every wheel and light every lamp that mankind would ever need.

Now the dream of the ages is closer to realization. For out of the Bell Telephone Laboratories has come the *Bell Solar Battery*—a device to convert energy from the sun directly and efficiently into usable amounts of electricity.

Though much development remains to be done, this new battery gives a glimpse of future progress in many fields. Its use with transistors (also invented at Bell Laboratories) offers many opportunities for improvements and economies in telephone service.

A small *Bell Solar Battery* has shown that it can send voices over telephone wires and operate low-power radio transmitters. Made to cover a square yard, it can deliver enough power from the sun to light an ordinary reading lamp.

Great benefits for telephone users and for all mankind will come from this forward step in harnessing the limitless power of the sun.

**BELL TELEPHONE SYSTEM**

**Something New Under the Sun.** It's the Bell Solar Battery, made of thin discs of specially treated silicon, an ingredient of common sand. It converts the sun's rays directly into usable amounts of electricity. Simple and trouble-free. (The storage batteries beside the solar battery store up its electricity for night use.)

## Bell System Solar Battery Converts Sun's Rays into Electricity!

*Bell Telephone Laboratories invention has great possibilities for telephone service and for all mankind*

Ever since Archimedes, men have been searching for the secret of the sun.

For it is known that the same kindly rays that help the flowers and the grains and the fruits to grow also send us almost limitless power. It is nearly as much every three days as in all known reserves of coal, oil and uranium.

If this energy could be put to use — there would be enough to turn every wheel and light every lamp that mankind would ever need.

The dream of ages has been brought closer by the Bell System Solar Battery. It was invented at the Bell Telephone Laboratories after long research and first announced in 1954. Since then its efficiency has been doubled and its usefulness extended.

There's still much to be done before the battery's possibilities in telephony and for other uses are fully developed. But a good and pioneering start has been made.

The progress so far is like the opening of a door through which we can glimpse exciting new things for the future. Great benefits for telephone users and for all mankind may come from this forward step in putting the energy of the sun to practical use.

**BELL TELEPHONE SYSTEM**

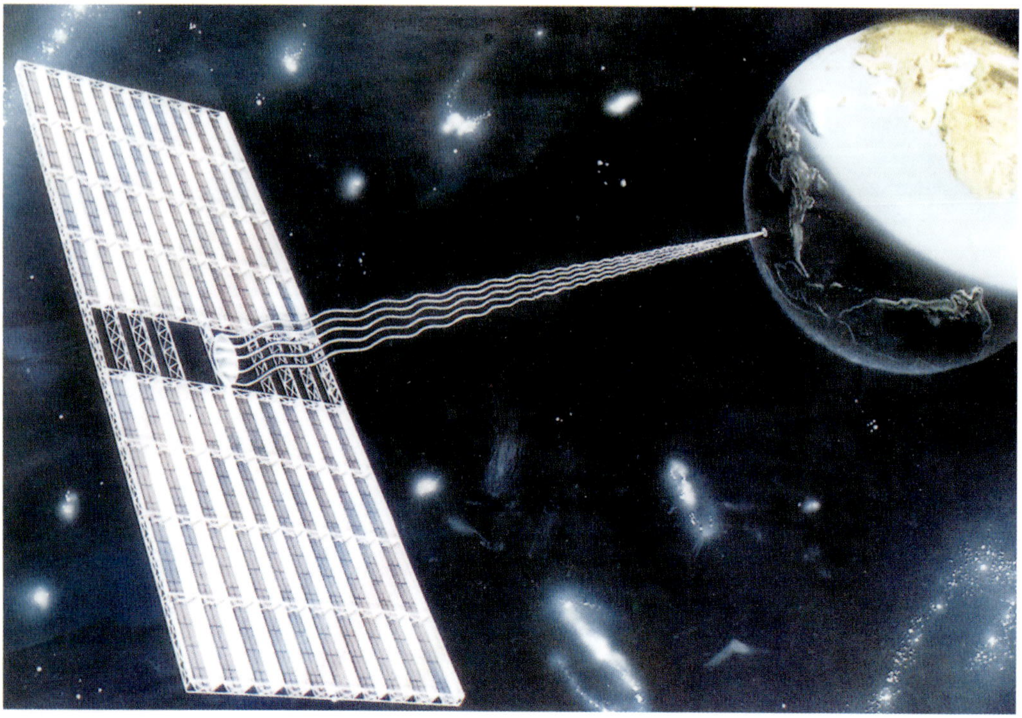

Transistor einen elektrischen Strom auszulösen." Der neue Generator bestehe aus „dünnen, rasierklingengroßen Siliziumplättchen, deren Oberflächen mit Bor und deren Unterseiten mit Arsen verunreinigt sind".

Unter den möglichen Anwendern ist es alleine die Raumfahrt, die sich für diese Halbleiterzelle interessiert. Denn die Energieversorgung im Weltall ist schwierig, der Solarstrom dort folglich eine attraktive Option. Zudem ist die Luft- und Raumfahrt traditionell von Visionären geprägt, die – anders als Vertreter von Politik und Wirtschaft – keine Denkverbote kennen.

Visionäre der Raumfahrt: Hermann Oberth (links) und Wernher von Braun, 1961

## Die Vision von den Sonnenspiegeln

Ohnehin haben die Forscher der Raumfahrt schon lange vor der Erfindung der Solarzelle die Sonne als Energiequelle im Blick. Allen voran der Raketenpionier Hermann Oberth. Bereits im Jahr 1929 beschreibt der Physiker in seinem Buch „Wege zur Raumschifffahrt" ein Sonnenkraftwerk im All.

Oberth ist ein großer Freund der Romane von Jules Verne – und entsprechend verwegen ist manche Idee. Er spricht über einen großen Spiegel, vielleicht 20 Kilometer im Durchmesser, der von einer Erdumlaufbahn das Sonnenlicht gezielt auf die Erde lenken könnte. Am besten natürlich konzentriert. Größe ist bei seinen Gedanken grundsätzlich kein Hindernis, sondern im Gegenteil gewollt.

Enorme Perspektiven zur Beglückung der Menschheit malt Oberth sich aus. Man könne „große Städte in großem Stile nachts beleuchten", begeistert er sich. Man könne zudem „mit stärkerer Konzentration störende Eisberge abschmelzen". Somit könne „der Weg nach Spitzbergen und Nordsibirien eisfrei gehalten werden". Und in mittleren Breiten würde man „im Frühjahr Wetterstürze und Kälterückschläge verhindern". Das Wort Geo-Engineering gibt es noch nicht, Gedanken daran aber sehr wohl.

Auch handfeste Solarforschung gibt es um diese Zeit noch nicht. Solarthermie scheint zu banal, als dass man darüber allzu viel nachdenken möchte. Solarstrom per Halbleiter unterdessen scheint unvorstellbar. Also überschlagen sich einstweilen die futuristischen Ideen – und die Weltraum-Enthusiasten werden zu den Solarmenschen der ersten Stunde.

Sie sind Gigantomanen. Selbst vor einem Spiegel mit einem Durchmesser von 1000 Kilometern schreckt Oberth in seinen Fantasien nicht zurück. Aus Natrium könne dieser Reflektor im All gefertigt werden. Das Material werde „von den einzelnen Raketen in großen Stücken mitgenommen" und im Orbit „außerhalb

← 🔲

Die erste Photovoltaikwerbung: Anzeigen der Firma Bell Telephone System Mitte der 50er Jahre

← 🔲

Keine Angst vor Großprojekten: solare Vision der 70er Jahre

Sonne, konzentriert: Entwurf eines Energiesatelliten von Vater und Sohn Kleinwächter

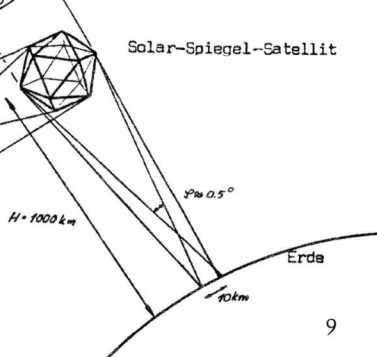

der Raketen zu Blech ausgewalzt oder als Draht oder Band aus der Rakete hinausgepresst". Die Phase solcher All-Visionen währt lange: bis in die späten 70er Jahre.

Parallel dazu wird jedoch schon bald nach ihrer Präsentation im April 1954 die Solarzelle für erste Vordenker zu einer realistischen Option. Noch im selben Jahr im Dezember gründen Visionäre in Arizona die Association for Applied Solar Energy (AFASE). Es sind vor allem Farrington Daniels, Professor für physikalische Chemie an der Universität Wisconsin-Madison, und Henry Sargent, Präsident der Arizona Public Service Company, das ist der Stromversorger in der Stadt Phoenix. Die Gründer stehen in Kontakt mit einer Wissenschaftlerelite der Harvard University und des Massachusetts Institute of Technology. Es sind Forscher, die seit 1951 Konferenzen organisieren mit Titeln wie „Die Sonne im Dienste der Menschheit". 1970 geht aus der AFASE die International Solar Energy Society (ISES) hervor. Sie verlagert ihren Sitz im Jahr 1995 nach Freiburg im Breisgau.

Zellen aus Heilbronn: Satellit Azur, gestartet im November 1969

Während die Sonne in den 50er Jahren vor allem für Visionen gut ist, erzielt sie im All schon erste handfeste Erfolge: Am 17. März 1958 startet in den USA der Satellit Vanguard 1 an Bord einer dreistufigen Trägerrakete. Er ist der erste Trabant, der Solarzellen trägt. Diese haben eine Leistung von 0,1 Watt und betreiben einen Fünf-Milliwatt-Reservesender. Sie stellen den Sendebetrieb des Satelliten für mehr als sechs Jahre sicher. Der Preis der Solarzellen – 2000 Dollar pro Watt – spielt bei diesem Projekt keine Rolle.

Vanguard beflügelt die Fantasie der Weltraumforscher weiter. Denkbar scheint plötzlich alles, und mag es auch oft mehr nach Science-Fiction denn nach bodenständiger Ingenieurskunst klingen. Aber schließlich war ja auch eine Mondlandung lange Utopie.

Geprägt von diesem Geist kursieren über Jahrzehnte hinweg die abenteuerlichsten Solarideen – und sie sind zumindest in Teilen auch immer ernst gemeint. So wie auch jenes Konzept aus dem Jahr 1977, das auf einem geostationären Energiesatelliten in 36000 Kilometer Höhe basiert: Mit Solarzellen ausgestattet soll der Flugkörper bis zu 10000 Megawatt Solarenergie per Richtfunkverbindung mit einer Frequenz von drei Gigahertz auf die Erde senden. Dort soll eine Empfangsanlage, sechs bis acht Kilometer im Durchmesser, die Mikrowellenleistung in elektrischen Strom umwandeln, der dann ins Netz fließt. Auch in Köln-Porz bei der Deutschen Forschungs- und Versuchsanstalt für Luft- und Raumfahrt (DFVLR, das heutige DLR) kursieren Ideen verschiedener Energiesatelliten.

Technische Hürden kennt man in diesen Jahren nicht, ökonomische auch nicht. Wissenschaftler träumen davon, riesige Satelliten einfach im All zusammenzubauen. Wo ist das Problem? Der Bau eines Solarkraftwerks im Orbit werde dann eben „250 bis 750 Starts für die Raumtransporter" erfordern, schreibt Bernd Stoy vom Bundesverband Solarenergie (BSE) im Jahr 1978 in seinem Buch

← ■
Hinein in die Weltraum-Simulationskammer: Satellit Azur (Bildmitte, hängend) bei der DFVLR, 1969

Module aus der Manufaktur:
Schweißmaschine bei
AEG in Wedel

Von der Zelle zum Modul:
Schweißmaschine im Detail

Vakuumkammer:
Solarzellen erhalten eine
Antireflexschicht,
Wedel, 70er Jahre

„Wunschenergie Sonne“. Und weiter: „Setzt man voraus, dass jeden Tag
ein Spaceshuttle starten würde, so folgte hieraus eine Transportzeit zwischen einem DreiviertelJahr und zwei Jahren.“

Jeden Tag ein Spaceshuttle – das ist die Vorstellung von der Solarenergie bis weit in die 70er Jahre hinein: großtechnisch, gigantisch,
visionär.

## Die frühen Solarfabriken in Heilbronn und Wedel

Doch auch Realisten glauben zunehmend an den Strom von der Sonne –
Satellit Vanguard 1 hat Zeichen gesetzt, auch in Deutschland. Ein wenig
klingt es nach Ironie der Geschichte, dass Bundeskanzler Konrad Ade-
nauer im Januar 1962 ausgerechnet das Bundesministerium für Atom-
kernenergie mit der Raumfahrtforschung betraut – und damit indirekt
auch die Solarforschung in die Hände des Atomministers legt.

Aus Sicht dieser Zeit ist der Schritt logisch, denn Forschungsför-
derung hat der Staat bisher nie als seine Aufgabe begriffen – von der
Atomkraft abgesehen. Folglich gibt es zu diesem Zeitpunkt auch kein
Forschungsministerium. Dieses entsteht erst wenig später aus dem
Atomministerium, indem ihm neue Aufgaben übertragen werden. Im
Jahr 1962 benennt sich das Ministerium dann um, heißt fortan Bundes-
ministerium für wissenschaftliche Forschung. Die Raumfahrt wird da-
rin zu einem wichtigen Thema.

Überlegungen, ein nationales Raumfahrtprogramm zu starten, führen im August 1962 in Deutschland zur Gründung der Gesellschaft für
Weltraumforschung. Und die deutsche Industrie ist nun aufgefordert,
sich am ersten Satellitenprojekt Azur zu beteiligen, samt einem solaren
Energieversorgungssystem.

Die noch junge Halbleiterindustrie ist dafür prädestiniert. Die Firma
Telefunken in Heilbronn kann einen Mitarbeiter der kalifornischen
Hoffman Electronics Corp., die bereits seit 1957 im kalifornischen El
Monte Solarzellen für die Raumfahrt produziert, gewinnen. Das Unter-
nehmen schafft so den Einstieg in die Photovoltaik. Eine kleine Gruppe
von Entwicklern beginnt im Januar 1964 in Heilbronn mit der Arbeit.

Nach nur sechs Wochen können die Techniker bereits erste Zellen
präsentieren, deren Wirkungsgrad sie mit „bis zu zehn Prozent“ ange-
ben. Genau lässt sich das freilich nicht sagen, denn es gibt noch kein
Messlabor. Das gebündelte Halogenlicht eines Diaprojektors dient als
Sonnensimulator, während mit einem manuell betätigten Drehpotenzio-
meter und einem Koordinatenschreiber die Kennlinien aufgenommen
werden.

Immerhin lässt sich erkennen, dass die Ausbeute in den folgenden Monaten steigt. Zum Beispiel durch die Einführung von Titan-
Silber-Kontakten Anfang 1965. So baut Telefunken viel eigenes Wissen
auf: Der Sinterofen, die Metallpasten für die Kontaktierung und das

Wechselt nach Anschlag
zur Sonne: Hans Kleinwächter

Logo der 70er Jahre

Ausgabe vom 8. Mai 1963

Siebdruckverfahren, mit dem die Kontakte auf das Silizium aufgebracht werden, stammen aus Heilbronn. Die Zellen kosten in dieser Zeit 500 bis 1000 Mark pro Watt.

Bald zeichnet sich ein Wettbewerb um den Auftrag für den ersten Satelliten Azur ab, denn auch Siemens beschäftigt sich nunmehr mit Solarzellen. Aber Telefunken agiert mit mehr Fortüne. Die Firma kann ihre Solarzellen aus monokristallinem Silizium von zwei auf vier Quadratzentimeter vergrößern. Und sie findet mit der AEG-Schiffbau in Wedel bei Hamburg einen Partner, der die Zellen zu Modulen verschaltet. AEG richtet nun ein neues Aufgabengebiet ein – es trägt den Namen „unkonventionelle Energiewandlung".

Mitte des Jahres 1966 bekommt Telefunken den Zuschlag und darf die Solarzellen für den Satelliten Azur liefern, produziert in Heilbronn, montiert zu Modulen in Wedel. Im Januar 1967 fusionieren die beiden Unternehmen dann zur AEG-Telefunken. Hauptauftragnehmer des Satellitenprojektes ist unterdessen die Bölkow GmbH – ein Name, von dem man in der Solarwirtschaft noch hören wird.

Mit einer vierstufigen Trägerrakete startet Azur am 8. November 1969 von einer Luftwaffenbasis der US Air Force in Kalifornien in seine Umlaufbahn. Diese verläuft in 392 bis 3228 Kilometer Höhe. Azur ist der erste deutsche Forschungssatellit und zugleich der erste deutsche Flugkörper mit Solarzellen. Auf der Außenseite seines zentralen Zylinders trägt er 5300 Solarzellen, die immerhin 39 Watt elektrische Leistung bereitstellen. Allerdings versagt der Satellit bereits im Juni 1970 seinen Dienst.

Der Standort Heilbronn bleibt weiterhin der Weltraum-Photovoltaik treu. Neben monokristallinen Siliziumzellen forscht AEG-Telefunken dort später auch an Dünnschichtzellen aus Kadmiumsulfid, ebenso an Zellen aus Indiumphosphid. Aber beide Techniken werden nie angewandt. Für den Weltraum setzen sich bald die sogenannten III-V-Halbleiter durch mit Verbindungen aus Elementen der III. Hauptgruppe des Periodensystems (Aluminium, Gallium und Indium) und Elementen der V. Hauptgruppe (Phosphor, Arsen und Antimon).

## Was die Akte Odessa mit Solarenergie zu tun hat

Auch an anderer Stelle trifft man in dieser Frühphase der Solartechnik auf die Kontakte zur Raumfahrt. Hans Kleinwächter aus dem badischen Lörrach kommt aus der Raketentechnik. Er hat in Peenemünde auf Usedom gearbeitet bei der „Erprobungsstelle der Luftwaffe". Es ist der Ort, an dem die Nationalsozialisten von April 1938 bis 1945 Raketen testeten. Kleinwächter war dabei damals, mit voller Überzeugung.

Und er kehrt auch nach Kriegsende einstweilen nicht von seinem Weg ab. Als Ende 1961 der ägyptische Staatspräsident Abdel Nasser beginnt, deutsche Ingenieure anzuwerben, lässt sich Kleinwächter in dessen Dienst stellen. Er entwickelt fortan elektronische Steuergeräte für Raketen gegen Israel. Keine 20 Jahre nach dem Holocaust.

Am 20. Februar 1963 erfährt Kleinwächters Leben eine Wende. Er ist 48 Jahre alt und gerade auf dem Heimweg, als in Lörrach jemand auf ihn schießt. Nur knapp entkommt er mit dem Leben. Wie sich später herausstellt, steckt der israelische Geheimdienst Mossad dahinter – ein Vorfall, den Romanautor Frederick Forsyth später in seinem Krimi „Die Akte Odessa" verarbeitet.

Hans Kleinwächter zieht sich daraufhin aus der Raketentechnik zurück. Er baut Roboter von menschlicher Statur, gesteuert durch die realen Bewegungen einer Person. Sie sollen an Orten arbeiten, die für Menschen zu gefährlich sind, etwa in der Atomtechnik oder auch im All, vielleicht auch in der Tiefsee. Die Roboter sind technisch hoch entwickelt für diese Zeit, den Durchbruch schafft Kleinwächter trotzdem nicht.

Einmal im Jahr trifft Kleinwächter noch immer den Ingenieur Wernher von Braun, man kennt sich aus der gemeinsamen Zeit in Peenemünde. Eines Tages, es ist Anfang der 70er Jahre, sagt von Braun: „Wenn das nächste Jahrhundert nicht das Jahrhundert der Sonne wird, haben wir einen Riesenfehler gemacht." Der Gedanke fällt bei Kleinwächter auf fruchtbaren Boden.

Zeitgleich kommt sein Sohn Jürgen – er studiert Physik in Grenoble – mit der Solarenergie in Kontakt. Und da er die Kriegstechnik von jeher rigoros ablehnt, beginnen die beiden Kleinwächters zusammen mit der Erforschung der Solarenergie. Ihr privates Institut, das Vater und Sohn im Jahr 1971 gründen, spiegelt die Solarenergie im Namen noch nicht wider, es firmiert als „Klera", was für „Kleinwächters Entwicklung und Forschung, Raumfahrt und Atomtechnik" steht. Gleichwohl machen sie sich bundesweit schnell einen Namen als Solarpioniere. Sie entwickeln den „Lörracher Trichter", einen Kollektor, der mit verspiegelten Folien das Sonnenlicht bis zu 40-fach konzentriert. Sie bauen ein kleines Turmkraftwerk und fokussieren das Licht mit Rasierspiegeln. Sie experimentieren mit allen Formen der Solarthermie.

Hans Kleinwächter will das Thema groß aufziehen. Er schlägt der Fraunhofer-Gesellschaft vor, ein Institut für Solarenergie aufzubauen. Aber die Organisation lehnt ab. Die Zeit ist offensichtlich noch nicht reif dafür.

„Die Menschheit wird im nächsten halben Jahrhundert einen dritten Weltkrieg ganz knapp vermeiden und sich die Sonnenenergie als unerschöpfliche Kraftquelle dienstbar machen."

*James Bryant Conant, Chemiker und erster US-Botschafter in der Bundesrepublik, Oktober 1951*

Testanwendungen auf der Erde: Funkgerät mit Solargenerator, 1970

Messlabor unterm Dach:
In Freiburg wird 1976 ein
Solarhaus mit zwölf Wohnungen
gebaut, ausgestattet mit
180 Messfühlern

# Die Ölkrise holt
# die Sonne auf die Erde

JAHR **1973**  KAPITEL **02**

Während an Sonntagen die Autos stehen, kommt die Kreativität in
Schwung – die Bundesregierung fördert solare Forschungshäuser,
Bastler haben bereits den Markt im Blick

**D**ie Autos sind zum Stillstand verdammt. Es ist der 25. November 1973, in Deutschland greift erstmals ein sonntägliches Fahrverbot für PKW. Notgedrungen hat die Bundesregierung dieses verhängt, festgeschrieben im Energiesicherungsgesetz vom 9. November. Und auch in der Schweiz müssen Motorfahrzeuge an diesem Sonntag stehen, auf Anordnung des Bundesrates.

Denn Benzin ist knapp in diesen Tagen. Der Rohölpreis hat einen gewaltigen Sprung gemacht, allein am 17. Oktober von drei US-Dollar pro Barrel (159 Liter) auf über fünf Dollar. Auch die ersten drei Sonntage im Dezember bleiben in Deutschland und in der Schweiz autofrei.

Mit der Endlichkeit des Erdöls hat das alles nicht viel zu tun: Die akute Verknappung ist politischer Natur. Sie wird ausgelöst durch die arabischen Staaten, die ihre Öllieferungen an die westlichen Länder kurzerhand gedrosselt haben, um deren proisraelische Haltung im Krieg mit Israel zu erschüttern. Und doch schaffen die autofreien Autobahnen ein neues Bewusstsein. Sie geben ein Gespür dafür, was Abhängigkeit von Importenergie bedeutet. Sie wecken das Interesse an heimischen, erneuerbaren Energien.

Und so kommt, während die Autos stehen, die Kreativität in Schwung. Zumal im Jahr zuvor der Club of Rome in seinem Bestseller „Die Grenzen des Wachstums" bereits aufzeigte, dass nur ein sparsamer Umgang mit Rohstoffen langfristig den Kollaps der Weltwirtschaft verhindern kann (siehe Seite 21).

Hans Matthöfer ist der richtige Mann für diese Zeit. Er ist ein analytischer Mensch, ein Anhänger von Eduard Pestel, jenem Systemanalytiker, der lange den deutschen Zweig des Club of Rome repräsentiert. Im Mai 1974 wird Matthöfer Bundesminister für Forschung und Technologie.

Der gesamte Etat für Energieforschung, den sein Ministerium verwaltet, geht bislang für Kohle und Atomkraft drauf, für Dinge wie den schnellen Brüter und den Hochtemperaturreaktor. Es sind keine Techniken, die im Sinne des Club of Rome auch nur ansatzweise zukunftsfähig sind. Im Etat 1975 stellt Matthöfer erstmals nennenswert Geld für erneuerbare Energien und Energieeffizienz bereit.

Zugleich zieht er die besten Energieexperten des Landes zusammen. Einige kommen – wie sollte es anders sein – aus der Raumfahrt. Matthöfer beauftragt sie, eine Studie zu erarbeiten zu den Perspektiven der Energieversorgung. Sie soll den Titel tragen: „Energiequellen für morgen". Einige Wissenschaftler wollen ein Ausrufezeichen anhängen. Matthöfer wählt lieber das Fragezeichen: „Energiequellen für morgen?" Er ist ein vorsichtiger Mensch.

Das Werk wird zur ersten akribischen Bestandsaufnahme der erneuerbaren Energien in Deutschland. Und

■→
Leere Straßen am 25. November 1973: Polizisten stellen sicher, dass das Fahrverbot eingehalten wird

Fragezeichen bevorzugt: Studie im Auftrag von Minister Matthöfer

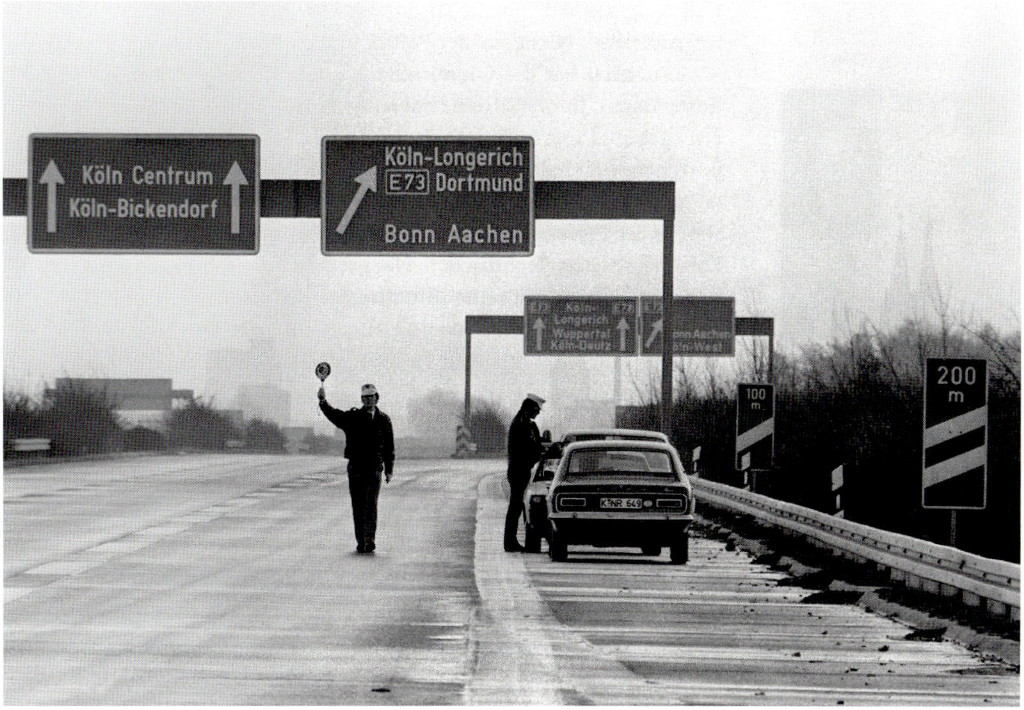
Köln Centrum
Köln-Bickendorf
Köln-Longerich
E73 Dortmund
Bonn Aachen
100 m
200 m

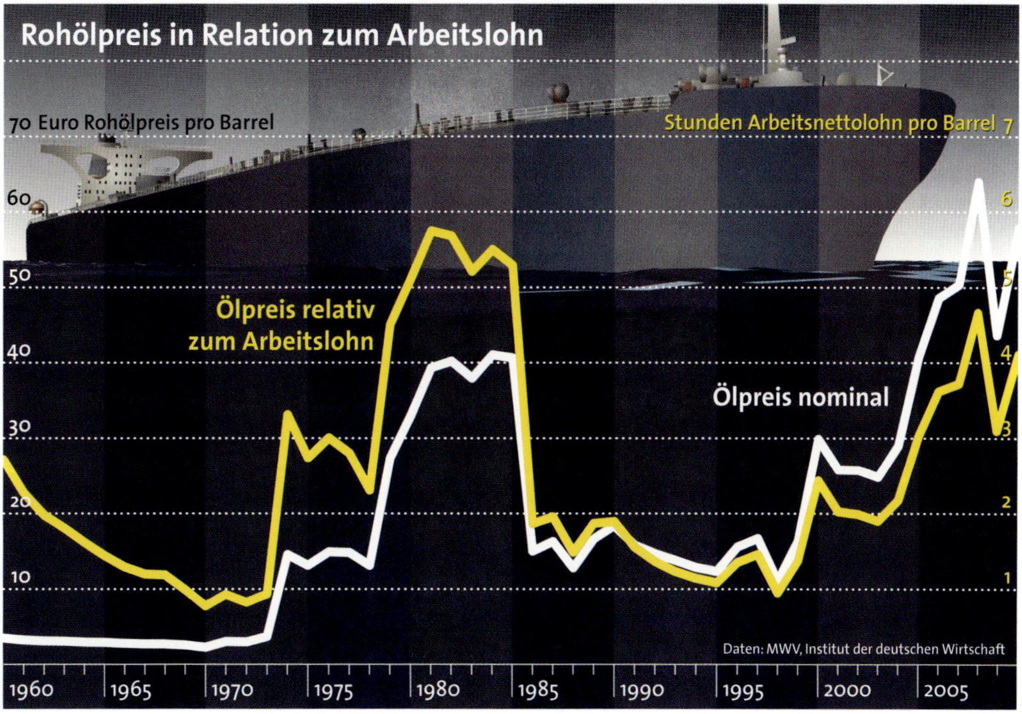
Rohölpreis in Relation zum Arbeitslohn
70 Euro Rohölpreis pro Barrel
Stunden Arbeitsnettolohn pro Barrel 7
60
6
50
5
40
4
30
3
20
2
10
1
Ölpreis relativ zum Arbeitslohn
Ölpreis nominal
Daten: MWV, Institut der deutschen Wirtschaft
1960
1965
1970
1975
1980
1985
1990
1995
2000
2005

Wichtige Botschaft:
Briefmarke von 1979

weil es beachtliche Potenziale aufzeigt, ist das Thema fortan nicht mehr wegzudenken. Nicht aus der Politik und auch nicht aus der Wirtschaft.

Zugleich hat der Ölpreisschock auch in anderen Ländern Spuren hinterlassen. In der Schweiz haben Architekten und Privatunternehmen Energiebüros gegründet. Auch ihr Ziel ist es, die Abhängigkeit von Importenergie zu reduzieren.

Professor Pierre Fornallaz ist der große Vordenker der Eidgenossen. Er ist Professor für Maschinenbau und Verfahrenstechnik an der Eidgenössischen Technischen Hochschule in Zürich, ein angesehener Wissenschaftler. Auf seine Initiative hin gründet sich am 11. Juni 1974 die Schweizerische Vereinigung für Sonnenenergie (SSES). Die Abkürzung leitet sich ab vom französischen Namen Société Suisse pour l'Energie Solaire.

Fornallaz wird ihr erster Präsident. Er sieht in der thermischen Sonnenenergienutzung die Lösung aller Energieprobleme. Das Einzige, was man brauche, rechnet er vor, sei einen Quadratmeter Kollektor pro Person. Mit seinen visionären Gedanken macht der Ingenieur die Schweiz zum solaren Vorreiter im deutschsprachigen Raum.

Dennoch gelingt es ihm nicht, Forschungsgelder für Solarenergie an seine Hochschule nach Zürich zu bekommen. Frustriert muss er erleben, wie stattdessen am Eidgenössischen Institut für Reaktorforschung in Würenlingen die Solarforschung aufgebaut wird. Er gibt daraufhin seine Professur auf und widmet sich der Sonne auf andere Weise; er gründet 1979 das Ökozentrum Langenbruck, eine Projektwerkstatt im Kanton Basel-Landschaft.

In den Medien erfährt die SSES anfangs enorme Sympathie, doch bald flacht das öffentliche Interesse ab – es ist der mittlerweile stagnierende Ölpreis, der den Takt vorgibt. Zudem zeigt sich immer deutlicher, dass die Solarfreunde in ihrer Euphorie zu optimistisch gerechnet haben. Einige von ihnen hatten verbreitet, ein Sonnenkollektor könne im Jahr 700 Kilowattstunden pro Quadratmeter erbringen, doch Praxistests kommen oft nur auf 150 Kilowattstunden. Das gute Image der Solarprotagonisten leidet.

„Auf einmal erfährt die Welt ein schon länger umlaufendes Gelehrten-Schlagwort als Realität: Der arabische Ölboykott macht die Grenzen des Wachstums schmerzhaft spürbar, den Schwund der Reserven, die Anfälligkeit der industriellen Zivilisation."

*„Der Spiegel",*
*31. Dezember 1973*

## Die Sonne in der Hand der Konzerne

Ein Jahr später als in der Schweiz gründet sich auch in Deutschland ein Solarverband. Hier geht die Initiative von der Industrie aus, die noch immer den Schock der Ölkrise in den Knochen sitzen hat: AEG, BBC, Dornier, Philips und vor allem RWE gründen am 10. Juni 1975 in Essen die Arbeitsgemeinschaft Solarenergie (ASE). Ihr Sitz ist die Hauptverwaltung von RWE. Die Firmen sprechen noch von „additiven Energien", wenn sie die erneuerbaren meinen.

Zwölf weitere Firmen kommen im Februar 1977 hinzu, von Bosch über Buderus bis Wacker-Chemitronic, den größten Hersteller von Solar-

# An den Rohstoffgrenzen

Wie ein Buch zum Renner wird – und vier Jahrzehnte später aktueller ist denn je

Frühjahr 1972, das Buch schlägt ein wie Blitz und Donnerschlag zugleich. Vielleicht, weil seine Kernaussage so unglaublich banal ist: In einem begrenzten System kann es grenzenloses Wachstum nicht geben. Punkt.

Das Werk stammt von Wissenschaftlern des Massachusetts Institute of Technology. Die Autoren um Dennis Meadows haben im Auftrag des Club of Rome die globale Zukunft simuliert, indem sie den Computer fütterten mit Daten zur Bevölkerungsentwicklung, Industrialisierung und Umweltverschmutzung, mit Zahlen der Nahrungsmittelproduktion und des Rohstoffverbrauchs. *Der Spiegel* nennt das Werk einen „Statistik-Thriller".

Anderthalb Jahre lang hält sich „Die Grenzen des Wachstums" (im Original: The Limits to Growth) in Deutschland auf der Liste der meistverkauften Bücher. In 30 Sprachen übersetzt, insgesamt mehr als zwölf Millionen Mal verkauft, prägt es die Debatte einer ganzen Epoche. Denn die Erkenntnis, dass „die absoluten Wachstumsgrenzen auf der Erde im Laufe der nächsten 100 Jahre erreicht" werden – sofern die Ausbeutung der endlichen Rohstoffe unvermindert anhält – ist ziemlich eingängig. Erstmals erreicht die Menschheit in diesen Monaten die Erkenntnis, dass das Wirtschaftswunder vielleicht nicht ewig währt. Zumindest dann nicht, wenn es mit einem stetig wachsenden Verbrauch an fossilen Energien und Rohstoffen einhergeht.

Die Politik setzt dennoch unverdrossen auf Wachstum – während die Analysen fortgeschrieben werden. Im Jahr 1988 erscheint das Buch „Jenseits der Grenzen des Wachstums", im Jahr 1992 „Die neuen Grenzen des Wachstums" und im Jahr 2004 dann „Grenzen des Wachstums, das 30-Jahre-Update". Grundlegende Korrekturen der Erstausgabe sind auch nach drei Jahrzehnten nicht nötig. Vielmehr müssen die Autoren konstatieren, dass die Grenzen immer näher rücken. Im Jahr 2005 sagt Ökonomieprofessor Meadows in einem Interview, dass es bereits ab 2010 „entweder zu einem Kollaps der Systeme oder zu einem Übergang in eine nachhaltige Entwicklung" kommen werde.

Im Juli 2008, gut 36 Jahre nach Erscheinen der Erstausgabe, werden die Grenzen des Wachstums plötzlich fühlbar. Die weltweite Ölförderung hat ihr historisches Maximum überschritten, der Ölpreis steigt auf fast 150 Dollar pro Barrel. Auch andere Rohstoffe erzielen in diesem Sommer Rekordpreise, womit sie die Weltwirtschaft ins Trudeln bringen. Vordergründig sind es abenteuerliche Transaktionen der Banken, die diese „Finanzkrise" auslösen. Faktisch hingegen ist es vor allem die Verknappung der Rohstoffe, die plötzlich beginnt, einer auf Verschwendung basierenden Weltökonomie Grenzen aufzuzeigen.

Und während die Simulationen der 70er Jahre beginnen, Realität zu werden, verstaubt der einstige Bestseller in den Regalen.

Dennis Meadows

# Die Grenzen des Wachstums

Bericht des Club of Rome zur Lage der Menschheit

dva informativ

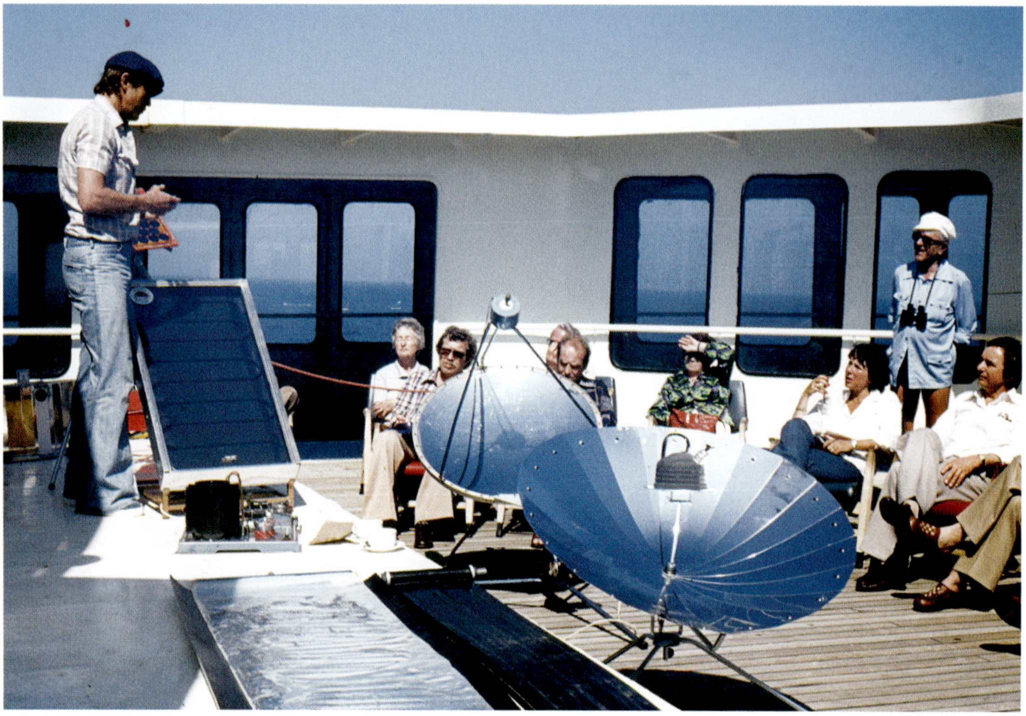

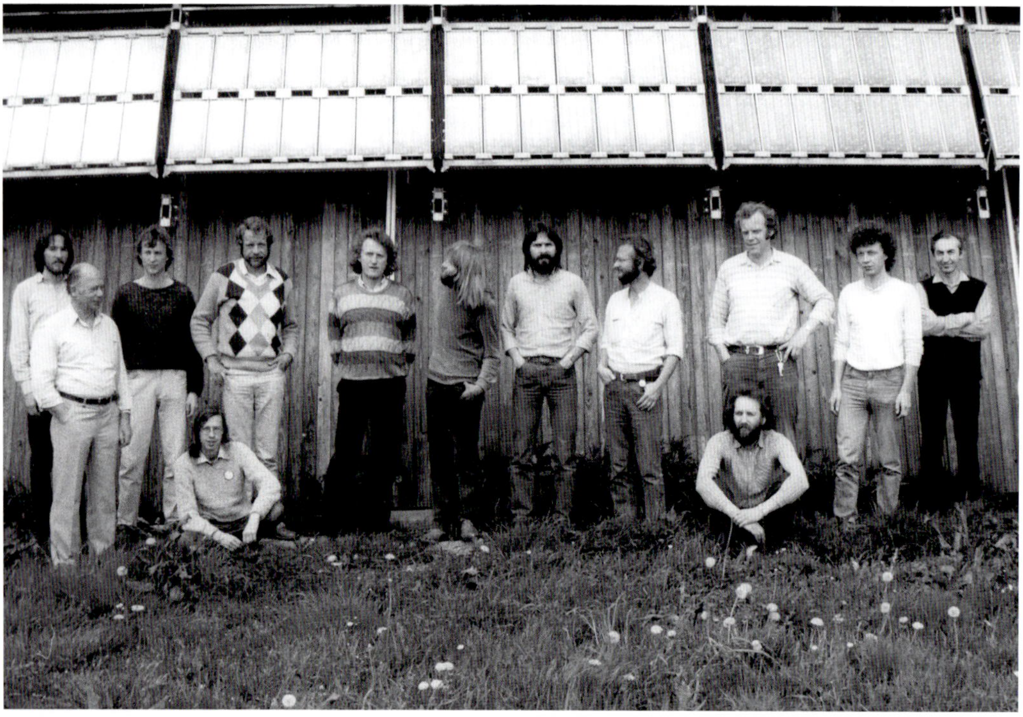

silizium. Gut ein Jahr später, im April 1978, ändert die ASE ihren Namen und heißt fortan Bundesverband Solarenergie (BSE). Inzwischen seien „nahezu alle maßgeblichen Hersteller der deutschen Industrie" darin vertreten, lässt der Verband wissen.

Auch in der Schweiz gründet sich 1978 ein Unternehmerverband, der Sonnenenergie Fachverband. Aus ihm geht nach mehrmaligen Fusionen der Branchenverband Swissolar hervor. Der fusionierte Verband ist auch ein Produkt der Politik: Das Bundesamt für Energie (BfE) in Bern hatte die bislang zersplitterte Solarwirtschaft gedrängt, sie möge einen definierten Ansprechpartner benennen.

Doch die Industrie ist nur die eine Seite im aufkommenden Verbandsgeschehen. Die Wissenschaft ist die andere. Am 17. Oktober 1975 treffen sich im Hofbräuhaus zu München drei Dutzend Wissenschaftler und Interessierte, um das deutsche Pendant zur SSES zu gründen.

Es herrschen Zweifel an diesem Tag, ob die Gründung gelingen wird. Denn die Initiatoren rund um den Ingenieur Ulf Bossel rechnen mit Gegenwind durch den etablierten Verein Deutscher Ingenieure (VDI). Sie befürchten, der Verband werde versuchen, die Veranstaltung zu sprengen. Denn im VDI argwöhnt man, der neue Verein könne sich allzu sehr in die deutsche Energiepolitik einmischen – was für den VDI einen schmerzlichen Verlust von Kompetenzen bedeuten würde.

Tatsächlich schickt der TÜV München an diesem Abend Beobachter ins Hofbräuhaus. Doch sie bleiben im Hintergrund, die Deutsche Gesellschaft für Sonnenenergie (DGS) wird wie geplant gegründet. Und die Abgesandten stellen tags darauf in ihrem Bericht an den VDI fest, dass von den Leuten der DGS keine Gefahr ausgehe.

Im Land findet die DGS regen Zuspruch. Ihre erste Tagung im Februar 1976 mit dem Titel „Heizen mit Sonne" lockt mehr als 1000 Teilnehmer nach Göttingen – der Verein hat damit eine erste finanzielle Basis. Im Folgejahr geht das DGS-Solarforum nach Hamburg.

Im dritten Jahr, 1978, denkt sich DGS-Mitbegründer Jürgen Kleinwächter etwas Besonderes aus: eine Kreuzfahrt zur solaren Fortbildung. An Bord der Achille Lauro (die 1985 während ihrer Entführung durch palästinensische Terroristen Berühmtheit erlangt) geht es drei Wochen von Genua aus durchs Mittelmeer. In den Häfen von Marokko, Ägypten und Israel sind jeweils Solarexperten und Interessenten eingeladen. An Bord wird Solartechnik präsentiert.

Auch mit solchen Aktionen wird die DGS bald zur größten Sonnenenergie-Gesellschaft weltweit. Zu ihrer Geschichte gehören auch die Solarmedien. 1976 bringt die Gesellschaft eine eigene Zeitschrift heraus, geleitet vom Journalisten Axel Urbanek. Sie heißt schlicht: *Sonnenenergie*. Als es 1979 zwischen Urbanek und der DGS zum Zerwürfnis kommt, lanciert der Journalist ein eigenes Magazin unter dem Titel *Sonnenenergie & Wärmepumpe*. Dieses existiert bis 1992 und wird dann von der Bielefelder Verlagsanstalt unter dem Titel *Sonnenenergie & Wärmetechnik* weitergeführt. Heute trägt die Publikation den Titel *Sonne Wind & Wärme*.

Ausgabe Januar/Februar 1976

Ausgabe März/Juni 1979

← ▬
Solare Bildungsreise:
Jürgen Kleinwächter (stehend)
auf dem Kreuzfahrtschiff
Achille Lauro
im Sommer 1978

← ▬
Frühe Testanlage:
Mitarbeiter des Energielabors
der Uni Oldenburg

## Springbrunnen und Whiskyflaschen

„Mehr als fünf Prozent
sind bei Sonnenenergie,
Windenergie, Erdwärme
und anderen ‚exotischen'
Energien einfach nicht drin."

*Hans Karl Schneider, Direktor
des Energiewirtschaftlichen
Instituts der Universität Köln,
Juni 1977*

Während sich die Verbände konstituieren, beginnen die im Firmenverband BSE organisierten Unternehmen mit dem Bau erster Solarhäuser. Forschungsminister Matthöfer gibt ihnen viel Geld dafür. Parallel machen sich auch immer mehr Bastler an die Arbeit. Sie tüfteln meist ohne staatliche Hilfe. Und immer geht es um die Solarwärme, Solarstrom ist noch kein ernsthaftes Thema.

Einer der Tüftler ist Kurt Reinhard. Bei der Erno Raumfahrttechnik GmbH in Hamburg, die später in der Deutschen Aerospace AG (Dasa) aufgeht, ist er in der Wärmetechnik tätig. Denn Satelliten dürfen sich in der Sonne nicht überhitzen und im Schatten nicht unterkühlen.

Solarwärme ist also sein Metier. Er will sie nun auf der Erde nutzen, nachdem die Ölkrise auch in seinem Bewusstsein tiefe Spuren hinterlassen hat: „1972 konnte man den Liter Heizöl für 9,5 Pfennig kaufen, 1974 kostete er schon 50 Pfennig", erinnert er sich später. Und deshalb beginnt Reinhard im Jahr 1975 mit seiner Frau, im heimischen Keller Kollektoren zu bauen. Der erste kommt aufs eigene Haus in Weyhe bei Bremen. Es ist ein Heizkörper, der mit Schultafelfarbe schwarz bemalt ist. Er hat einen Kasten darum aus Dachlatten und eine Glasscheibe darauf. Es ist die typische Bauform Mitte der 70er Jahre.

Weil die Firma Erno an der irdischen Nutzung der Sonne jedoch kein Interesse zeigt, verlässt Reinhard das Unternehmen im Jahr 1978. Er konzentriert sich fortan voll auf seine eigene Firma – und er bleibt ihr treu. Als nach der Jahrtausendwende die Solarenergie in Deutschland populär wird, ist die Reinhard Solartechnik noch immer am Markt – als eines der wenigen verbliebenen Unternehmen aus der Pionierzeit.

Die Politik freilich sucht in den 70er Jahren andere Partner für ihre Projekte. Nicht kleine Firmen wie jene von Kurt Reinhard, die man heute „Start-ups" nennt, sondern Technologiekonzerne und etablierte Forschungsinstitute. Glück hat, wer schon früh an einer Technik geforscht hat, die ansatzweise mit solar zu tun hat.

Und so bietet das Forschungsministerium dem Institut für Thermodynamik und Wärmetechnik (ITW) der Universität Stuttgart eines Tages Geld für die Solarforschung an. Die Offerte kommt unerwartet, das ITW hat zuvor vor allem Siedeversuche für Dampfkraftwerke gemacht. Aber immerhin war Professor Erich Hahne in seiner früheren Zeit an der TU München im Jahr 1970 schon mal mit der Solarthermie konfrontiert; ein Doktorand hatte Kupferplatten geschwärzt, anfangs mit zwei dicken Kerzen, später mit Lackfarbe. In diesen Tagen ist das mehr an Erfahrung, als andere aufbieten können.

Auch Ernst Bucher, Festkörperphysiker an der Universität Konstanz, ist kein ausgewiesener Solarforscher. Aber wo gibt es die schon zu dieser Zeit? Bucher hat zuvor bei den Bell Telephone Laboratories in den USA gearbeitet. Und die haben immerhin die erste taugliche Solarzelle entwickelt. Auch er bekommt Geld für die Solarforschung. Parallel dazu beginnen im

# Die Vision vom Fluko

Weil Solarzellen teuer sind, sucht man Wege, das Licht zu konzentrieren

Kann Plexiglas der Solarenergie zum Durchbruch verhelfen? In den späten 70er Jahren scheint der Gedanke plausibel. Denn Solarzellen sind teuer, und so sucht man Wege, das Sonnenlicht zuvor zu konzentrieren, um die Fläche der edlen Halbleiter reduzieren zu können. Doch statt auf Spiegel oder Linsen setzt man auf gefärbtes Plexiglas. Ursprünglich hat man es für LCD-Anzeigen entwickelt.

Man setzt den dünnen Platten dieses hochtransparenten Kunststoffs – chemischer Name: Polymethylmethacrylat – einen fluoreszierenden Farbstoff zu. Dieser absorbiert das Sonnenlicht und strahlt es mit veränderter Wellenlänge wieder ab. An der Ober- und Unterseite der Platte tritt das Licht jedoch kaum aus, weil es dort weitgehend reflektiert wird. An den schmalen Seiten hingegen kann das Licht die Platte gut verlassen, es wird also auf die kleinen Kantenflächen konzentriert. Dort bringt man nun Solarzellen an – fertig ist der Fluoreszenzkollektor, liebevoll Fluko genannt. Die Vision, mit dem Fluko der Solarenergie zum Durchbruch zu verhelfen, gehört 1981 zu den Gründungsideen des Fraunhofer-Instituts für Solare Energiesysteme in Freiburg.

Im Vergleich zu anderen konzentrierenden Systemen hat der Fluoreszenzkollektor mehrere Vorteile: Er kann erstens auch diffuses Licht konzentrieren. Er braucht zwei-

Buntes Treiben auf dem Dach: Fluko-Teststand am ISE

tens nicht dem Lauf der Sonne nachgeführt zu werden, weil er auch schräg einfallendes Licht einfängt. Und es spricht drittens für ihn, dass er das Licht in einer definierten Wellenlänge wieder abgibt. Die Solarzelle kann also für diese eine Wellenlänge optimiert werden, was den Wirkungsgrad des Gesamtsystems verbessert.

Und dennoch schafft die Technik den Durchbruch nicht. Der große Fortschritt der Solartechnik ist schuld daran: Die Siliziumzellen lassen sich bald so günstig fertigen, dass es billiger ist, sie ohne Konzentratoren zu nutzen. So überlebt der Fluko nur noch als Symbol für die Anfänge der Solartechnik – in Form fluoreszierender Schilder.

"EINFANGEN" (ABSORBTION) VON DIREKTEM SONNENLICHT
RICHTIG
FALSCH
LINKES ELEMENT
RECHTES ELEMENT

Jahr 1975 auch in der Schweiz am Eidgenössischen Institut für Reaktor-
forschung (EIR) in Würenlingen (dem heutigen Paul Scherrer Institut)
Untersuchungen an Solarkollektoren. So wird ironischerweise auf dem
Dach des atomaren Forschungsreaktors „Diorit" ein Testfeld eingerichtet.

Man untersucht rund 100 verschiedene Typen – kreative Entwickler
gibt es schon in großer Zahl. „Am Ende blieben fünf Hersteller übrig",
erinnert sich Physiker Jean-Marc Suter. Ab Juli 1978 testet das EIR dann
zwei Kollektortypen in großem Stil: einen Flachkollektor und einen
Rinnenkollektor. Die Rinnen arbeiten mit achtfacher Konzentration,
doch wegen des hohen diffusen Anteils der Solarstrahlung bewähren sie
sich nicht. Ende 1992 werden die Solarforschungen am EIR eingestellt.

Am ITW in Stuttgart konstruiert Professor Hahne unterdessen
selbst Kollektoren und lässt auch konstruieren. 1976 hält er erstmals
eine Vorlesung zum Thema „Technische Nutzung der Sonnenenergie".
Später erinnert er sich: „Vielen Menschen war der Unterschied zwischen
Photovoltaik und Sonnenkollektoren noch gar nicht klar."

Hahnes Aktivität spricht sich herum. Bald kommen Bastler mit
ihren Erfindungen nach Stuttgart ans Institut mit der Bitte, Hahne möge
doch ihre Konstruktionen testen. Viele der Ideen sind durchaus pfif-
fig, einige bizarr, manche aus Sicht der Wissenschaft schlicht Humbug.
Ein Mann bringt einen schwarz bemalten Radiator mit Scheibe und
Kasten. Der Erbauer präsentiert zugleich ein Gutachten, wonach der
Kasten 1500 Watt pro Quadratmeter leisten soll. Da die Sonne die
Fläche aber nur mit bestenfalls 1000 Watt bestrahlt, wäre das ein Per-
petuum mobile.

Ein anderer Kollektor besteht aus drei Dutzend viereckigen Whisky-
flaschen, die wie Glasbausteine die Sonnenwärme im Kollektor einfangen sollen. Das ist kreativ, aber kaum tauglich. Ein anderes Modell
besteht aus einer schwarzen Gummiblase. Sie platzt eines Tages auf
dem Dach. Am besten aber bleiben Hahne jene Konstruktionen in Erinnerung, die er bald „Springbrunnenkollektoren" nennt. Denn Lochfraß
an den Metallen Aluminium und Kupfer kommt häufig vor.

Und auch sonst ist an Problemen der vermeintlich simplen Technik
kein Mangel. Konrad Schreitmüller, der in diesen Jahren am Stuttgar-
ter Raumfahrtzentrum DFVLR zum Thema Solarenergie forscht, berich-
tet später von einer „Zeit beschränkten Wissens, des Herumprobierens
und Bastelns". Weil es selektive Schichten für die Kollektoren nicht
gibt, nimmt man meistens Standardfarbe, die oft sehr schnell abblät-
tert. Man nimmt handelsübliche Isolierschäume, die aber bei 90 Grad
Celsius schrumpfen und sich verfärben sowie mit ihren Ausgasungs-
produkten die Scheibe vernebeln.

Es reißen ferner die Scheiben und brechen die Kollektorkästen in-
folge der Wärmeausdehnung. Aber man sammelt immerhin wichtige
Erfahrungen. Und die besten Ideen finden Mitte der 80er Jahre Eingang
in die Bastelhefte der Reihe *Einfälle statt Abfälle*. Sie erscheinen in Kiel
und erlangen fast Kultstatus.

„Sonnenenergie kann
nur zur Wärmeversorgung
eingesetzt werden."

*Aus einem
Thesenpapier der CDU,
Oktober 1977*

Fast Kultstatus erlangt:
Heftklassiker der 80er

← ◼

Sonne im Umfeld der
Atomkraft: Kollektor-Teststand
am Eidgenössischen Institut
für Reaktorforschung in
Würenlingen

← ◼

Konzentrierte Sonnen-
wärme: Test von
Parabolrinnenkollektoren
in Würenlingen

„Exergetisch wertlos"

*Walter Seifritz, Eidgenössisches Institut für Reaktorforschung Würenlingen im Januar 1980 über Warmwasser aus Sonnenkollektoren*

So wird langsam alles ein wenig professioneller. Nach der zweiten Ölkrise 1979 – ausgelöst durch die Revolution im Iran und den Angriff des Iraks auf das Land – beginnt am ITW auch die Arbeit an Wärmespeichern. Inzwischen sind es nicht mehr nur die Bastler, die in Stuttgart auf der Matte stehen, es kommen auch erste Firmen. Ihre Einschätzungen liegen mitunter gleichermaßen daneben. Ein Herr von RWE – er ist Berater einer Forschungsgruppe – lässt sich eines Tages am ITW über Großwärmespeicher aus. Vom Wassertank hält er nichts: „In drei Wochen ist darin stinkende Brühe", sagt er. Dann müsse man das Institut evakuieren. Professor Hahne gibt später zu: „Mir haben da schon ein wenig die Knie gezittert."

Er baut trotzdem Wasserspeicher, bis zu 1000 Kubikmeter groß. Als die Ergebnisse vorgestellt werden – auch der RWE-Mann ist wieder dabei –, hat Hahne zwei Goldfische im Aquarium. Dieses ist mit Wasser aus dem Speicher gefüllt. Die Goldfische fühlen sich wohl darin, der RWE-Mann hingegen ist sprachlos. Und Hahne muss die Goldfische selbst bezahlen – denn die Univerwaltung lehnt seine Spesenrechnung ab.

## Musterhaus mit Prozessrechner

■→

Noch nichts für Bewohner: Solarhaus in Aachen von Philips und RWE

■→

Ein Firmenmitarbeiter zieht ein: Solarhaus von RWE und Dornier in Essen

Teuer und überdimensioniert: Solarhaus von BBC in Walldorf

Unterdessen bauen Firmen mit Matthöfers Forschungsgeld Solarhäuser. Eines entsteht 1974 auf dem Gelände des Philips-Forschungslaboratoriums in Aachen in Zusammenarbeit mit dem Stromkonzern RWE. Es ist bewusst ein „Haus von der Stange", 116 Quadratmeter groß. In der Grundausstattung wäre es für 200 000 Mark zu haben, in diesem Fall kostet es 600 000 Mark. Aufs Dach kommen 20 Quadratmeter Kollektoren, Vakuumglasröhren, deren untere Hälfte verspiegelt ist. Die Wände erhalten eine zusätzliche 24 Zentimeter dicke Dämmung, Wärme aus Abwasser und Abluft wird zurückgewonnen, es gibt eine Erdwärmepumpe und einen Wasser-Langzeitspeicher mit 42 Kubikmetern. Und Matthöfer hofft, dass in 50 Jahren die Sonne in diesem Stil einen Großteil der Häuser in Kleinstädten und Landgemeinden mit Wärme versorgen wird.

Doch das ist Zukunftsmusik. Im Moment will man die Technik noch nicht auf die Menschen loslassen. „Wir wollen keiner Familie zumuten, statistisch zu leben", sagt Matthöfer. Und deswegen wohnt in diesem Haus nur ein Prozessrechner von Philips. Er muss morgens die Dusche laufen lassen, Kaffee kochen, das Radio einschalten – den ganzen Tag über herrscht typisches Familienprogramm bis zur Fernsehstunde am Abend. So soll sichergestellt sein, dass in dem Haus Energie verbraucht wird, wie es eine deutsche Durchschnittsfamilie auch tun würde. Die Messdaten von 100 Sensoren werden auf Magnetband geschrieben. Und Philips hofft darauf, dieses Energiesystem künftig in das Fertighausprogramm von Neckermann integrieren zu können.

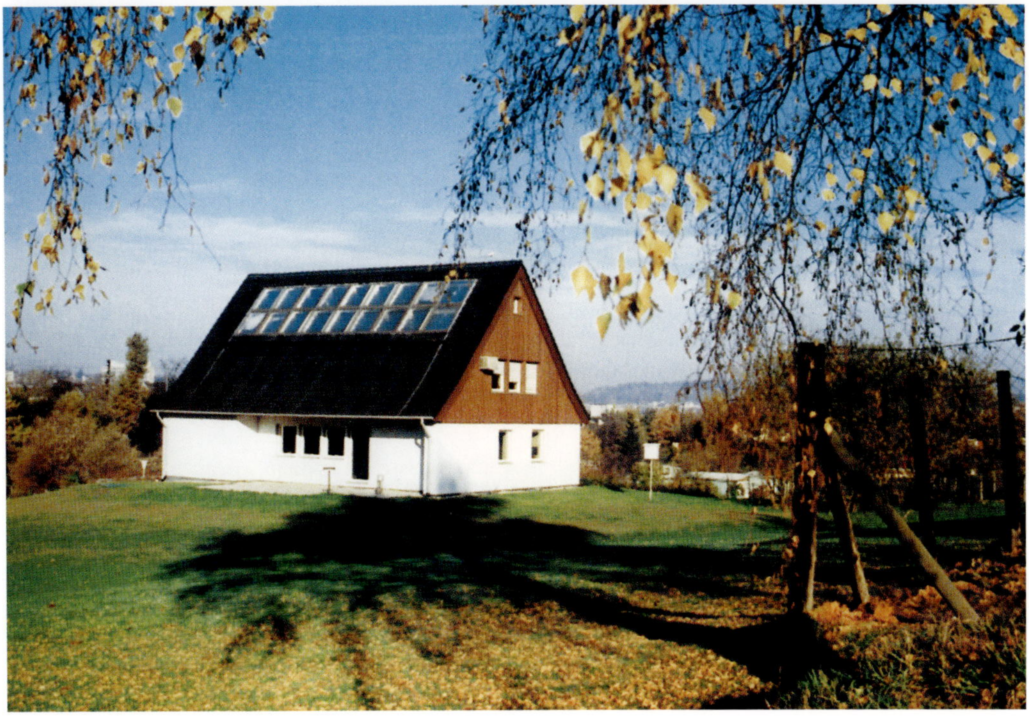

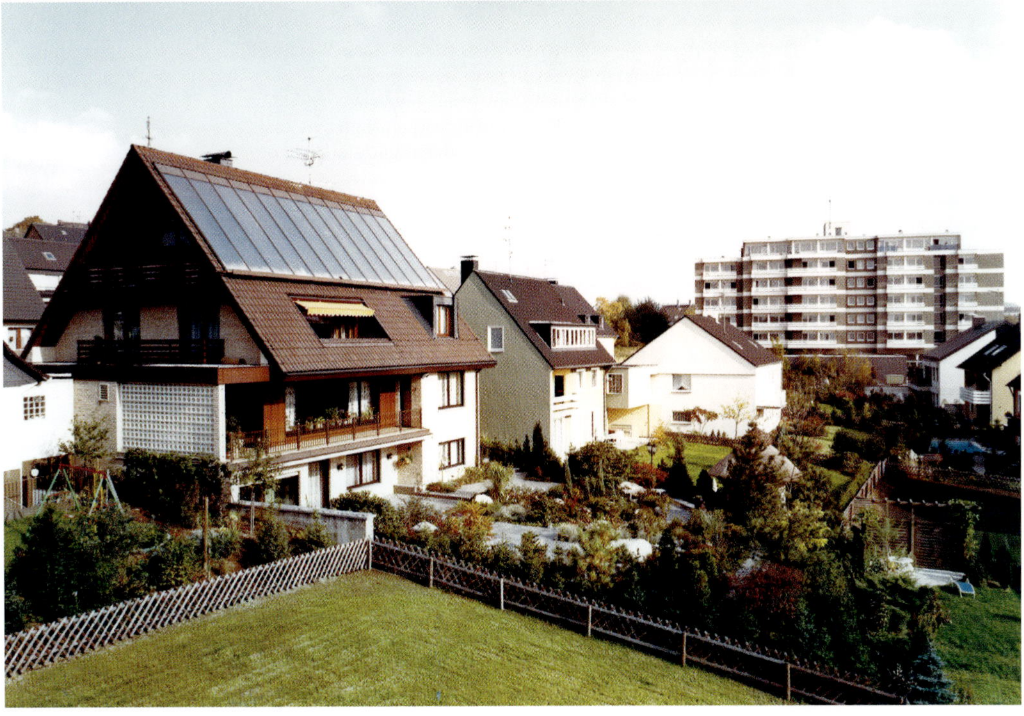

Öffentlichkeitsarbeit ist
wichtig: Broschüre eines
Vier-Millionen-Projekts

„Naturgesetzlich war immer
schon vorgegeben,
dass die Nutzung fossiler
Energien nur ein Übergangs-
stadium sein konnte."

*Hermann Scheer, Träger des
Alternativen Nobelpreises,
im Jahr 2010*

▣ →

Größte Anlage Europas:
1500 Quadratmeter
Kollektoren versorgen das
Schwimmbad in Wiehl
mit Wärme

▣ →

Wärme aus neuen
Schläuchen: Schwimmbad
in Donaueschingen,
Ende der 80er

Im Frühjahr 1976 folgt ein Solarhaus in Walldorf bei Heidelberg. Hier geht die Initiative vom Elektrokonzern Brown, Boveri & Cie. (BBC) in Mannheim aus. Das Haus ist auf der Südseite des Daches voll mit Kollektoren ausgestattet. Ziel ist laut Forschungsministerium die „Aufstellung eines mathematischen Modells zur Beschreibung des Energieflusses in einem Hausheizungssystem mit Sonnenenergienutzung". *Der Spiegel* findet das Haus zwar „technisch überdimensioniert und für den Kunden zu teuer". Aber so ist das eben mit Forschungsobjekten.

Im gleichen Jahr noch folgen RWE und Dornier mit einem gemeinsamen Zwei-Familien-Solarhaus im Essener Stadtteil Heisingen. Ein RWE-Mitarbeiter zieht dort ein. Die Anlage ist mit zwölf Dachkollektoren von Dornier (zusammen 65 Quadratmeter groß) ausgerüstet, sie versorgt ebenfalls ein Schwimmbad im Haus und verfügt über mehrere Speicher. Doch die Forscher müssen nach vier Jahren bilanzieren, dass „die Voraussetzungen für den wirtschaftlichen Einsatz derartiger Anlagen für mitteleuropäische Verhältnisse noch nicht gegeben" sind.

Auch ein Schwimmbad wird in den Jahren 1975/76 mit den Geldern des Ministers gefördert: In Wiehl im Bergischen Land werden 1100 Kollektoren mit einer Gesamtfläche von fast 1500 Quadratmetern installiert, die Fläche entspricht damit genau der Fläche aller Schwimmbecken zusammen. Es ist zu dieser Zeit die größte Kollektoranlage Westeuropas. Realisiert wird sie von der Firma BBC, die Hälfte der Baukosten von 20 Millionen Mark steuert das Forschungsministerium bei. „Dauerversuche mit hocheffizienten Kollektoren" lautet hier eines der Ziele.

## Mietshaus mit Messlabor unterm Dach

Im Jahr 1976 bekommt auch die städtische Wohnungsbaugesellschaft in Freiburg Fördergelder für ein Solarhaus, dessen Wohnungen ganz normal vermietet werden sollen. Das Objekt im Stadtteil Tiengen mit seinen 641 Quadratmetern Wohnfläche setzt Maßstäbe: Jede der zwölf Wohnungen wird separat wärmegedämmt. Man glaubt noch, das müsse so sein (siehe Bild Seite 16/17).

Eine passive Nutzung der Solarenergie ist unterdessen nicht vorgesehen, denn – so die Überlegung – große Fenster bringen großen Wärmeverlust. Also bleiben die Fenster klein. Auf dem Dach werden Vakuum-Röhrenkollektoren installiert, teils von Philips/Stiebel Eltron, teils von Corning Glass Works. Man will sie vergleichen.

Unter dem Dach hat sich Klaus Vanoli ein Messlabor eingerichtet, denn das Haus wird genau analysiert. Vanoli ist Mitbegründer des Ingenieurbüros für Solartechnik (ist) in Kandern. Das Büro betreut zusammen mit Konrad Schreitmüller von der DFVLR das Projekt im Auftrag des Forschungsministeriums. 180 Messfühler im Haus liefern täglich 60 000 Werte. Es ist ein 4,2-Millionen-Mark-Projekt, zu 40 Prozent vom Staat bezahlt.

31

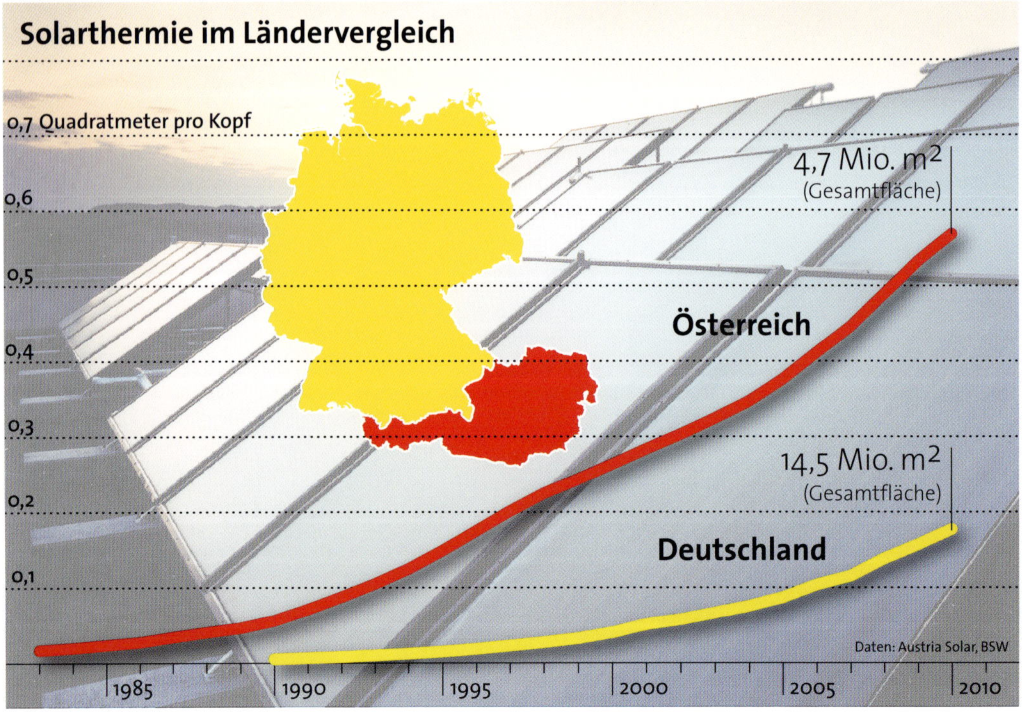

## Solarthermie im Ländervergleich

0,7 Quadratmeter pro Kopf

0,6

0,5

0,4

0,3

0,2

0,1

4,7 Mio. m²
(Gesamtfläche)

**Österreich**

14,5 Mio. m²
(Gesamtfläche)

**Deutschland**

Daten: Austria Solar, BSW

1985    1990    1995    2000    2005    2010

Doch Vanoli ist nicht nur Forscher, er ist das Gesicht hinter diesem Projekt. Damit ist er auch für die Fragen der Menschen da, die das Haus besuchen. Und es sind viele. Immer wieder wollen sie mehr über die Vakuumröhren erfahren: „Wie oft muss man die nachevakuieren?" – diese Frage kommt oft. Vanoli sagt dann: „So oft wie die Röhre in Ihrem Fernseher." Nämlich gar nicht. Die Vakuumröhren sind schließlich absolut dicht.

Die Auswertung der Daten ergibt später, dass die Kollektoren 61 bis 67 Prozent des Warmwasserbedarfs sowie 11 bis 13 Prozent der Raumheizung decken – das sind Zahlen, die um diese Zeit noch überraschen.

Ein weiteres Musterhaus mit Solarkollektoren wird 1979 im Landkreis München vom Technologiekonzern Messerschmitt-Bölkow-Blohm (MBB) errichtet. Das Unternehmen Ludwig Bölkows verabschiedet sich jedoch bald wieder aus diesem Markt. Der Biograf des Unternehmers erklärt diesen Schritt später damit, dass „kleine, handwerklichere Firmen mit niedrigeren Stundensätzen" in Erscheinung traten und dieses Gebiet für die Luft- und Raumfahrtfirma uninteressant werden ließen.

Fast zeitgleich mit dem MBB-Projekt entstehen die ersten Solarhäuser in der Deutschen Demokratischen Republik (DDR). In Mötzlich, einem Stadtteil von Halle, stattet der VEB Wohnungsbau Halle-Neustadt vier Einfamilienhäuser der Baujahre 1977 bis 1979 mit Kollektoren aus. Auf den südlichen Dachseiten mit einem Neigungswinkel von 60 Grad werden im Dezember 1979 je 24 Quadratmeter Sonnenkollektoren angebracht. Die Wärme wird jeweils in einen 3000-Liter-Speicher im Keller geleitet und zur Warmwasserbereitung und zur Raumheizung genutzt. Es ist das solare Pilotprojekt der DDR schlechthin.

Unterdessen ist auch Österreich unter dem Eindruck der Ölkrise längst aktiv geworden. Dort gründet der Staat im Jahr 1976 die Österreichische Gesellschaft für Sonnenenergie und Weltraumfragen, die sich nach ihrem englischen Namen ASSA abkürzt. Sie soll der Regierung ein Energiekonzept liefern, das die Abhängigkeit von der Opec reduziert. Gerhard Faninger leitet den Bereich „Sonnenenergie", er war zuvor Professor an der Montanuniversität Leoben.

Parallel dazu bauen in den folgenden Jahren Firmen in Österreich ihre Produktion auf. Im Mai 1978 nimmt die Firma Stiebel Eltron in Spittal an der Drau in Kärnten die größte und modernste Fertigung von Solarkollektoren in ganz Europa in Betrieb. Sie kann pro Jahr 40 000 Flachkollektoren produzieren.

Zur Eröffnung der Fabrik erklärt Geschäftsführer Kurt Schön, dass für seine Firma „bisher kein anderes Produkt einen so hohen wirtschafts-, energie- und gesellschaftspolitischen Stellenwert" gehabt habe. Es bleiben schöne Worte: Mitte der 80er Jahre verlagert das Unternehmen die Kollektorfertigung nach Griechenland, weil es fortan dort den bevorzugten Absatzmarkt sieht. Und auch, weil die Firma mit Materialproblemen am Pionierstandort kämpft. Es ist ein harter Schlag für die Solarfreunde in Österreich.

Kurzes Vergnügen: Kollektorfabrik in Spittal an der Drau

Mustersiedlung in der DDR: Solarhäuser in Halle-Mötzlich

Auf Biegen und Löten: Kollektor-Selbstbaugruppen in Österreich in den frühen 80er Jahren

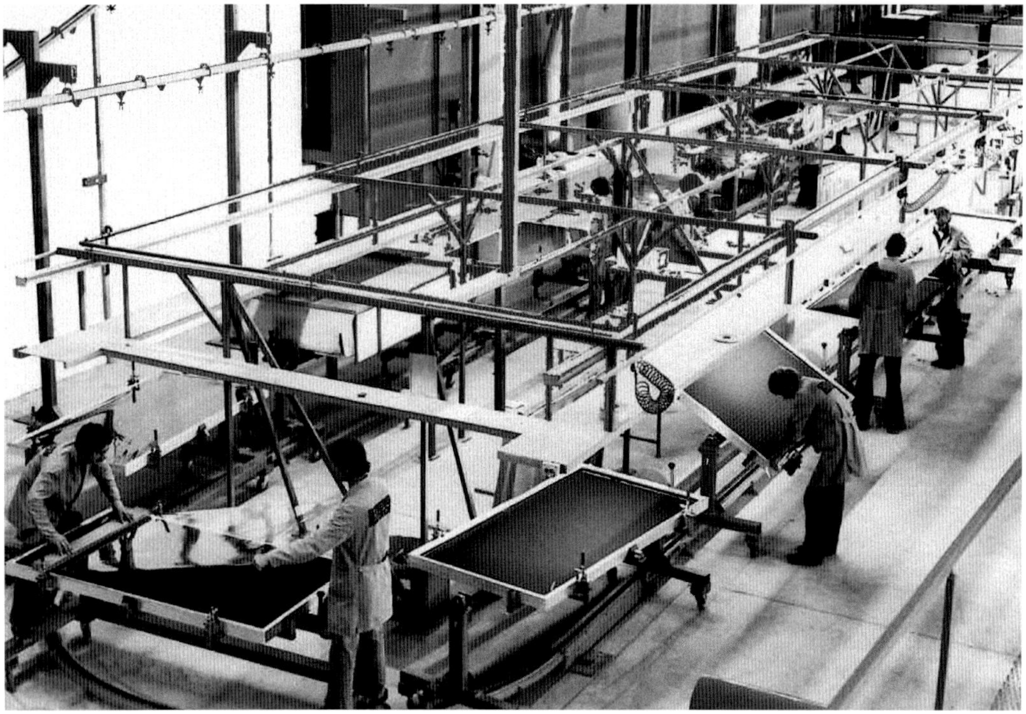

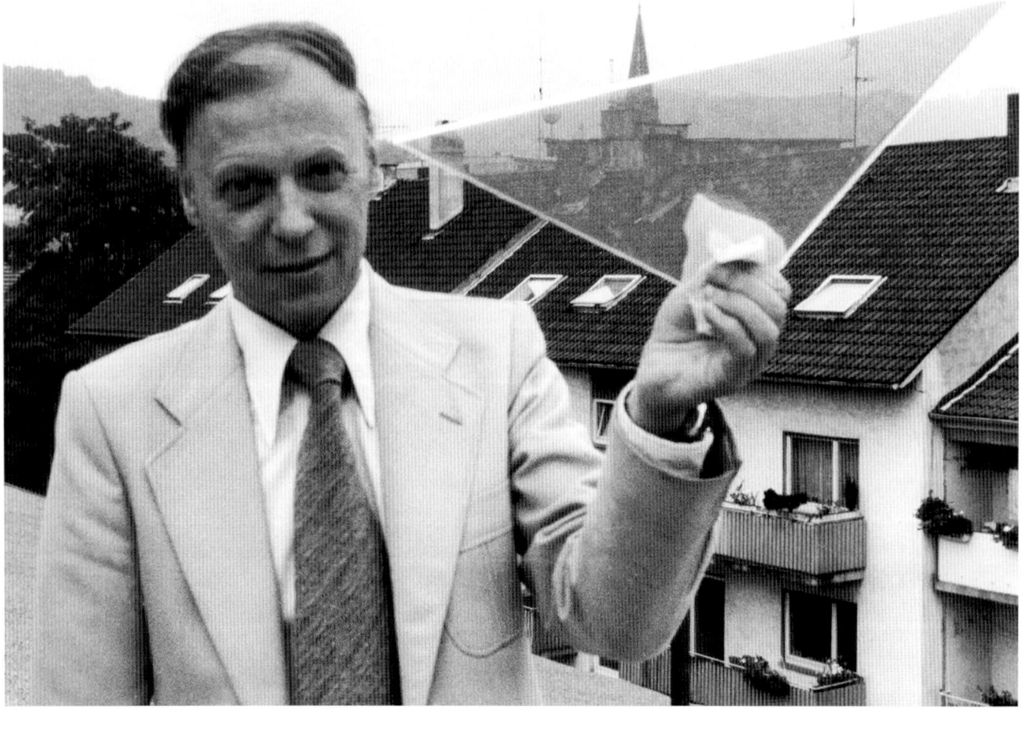

## Noch alles in Ordnung? Die Gründung des ISE

Während die Industrie mit den Widrigkeiten der Praxis kämpft, hat Adolf Goetzberger in Freiburg die Grundlagenforschung im Blick. Er ist Leiter des Fraunhofer-Instituts für Angewandte Festkörperphysik IAF und hat eine Arbeitsgruppe aufgebaut, die seit 1976 an solaren Energiesystemen forscht. „Die Schlussfolgerungen des Club of Rome über die Endlichkeit der Ressourcen unseres Planeten haben mich überzeugt", sagt er.

Vor allem entwickelt Goetzberger eine Technik, um Sonnenlicht mit Hilfe einer mit Fluoreszenzfarbstoffen versehenen transparenten Platte einzusammeln und zu konzentrieren (siehe Seite 25). Doch schon bald muss er feststellen, dass er das Projekt am bestehenden Institut nicht in dem Maße fortführen kann, wie er es gerne möchte. Er beschließt, ein reines Solarinstitut zu gründen.

Und so bekommt er deutlich zu spüren, dass in dieser Zeit Solarforschung noch als völlig verqueres Hobby gilt. Auf einer Tagung über Halbleiterphysik wendet sich ein Kollege im Vertrauen an Goetzbergers Frau, um sie zu fragen, ob mit dem Geisteszustand ihres Ehemanns noch alles in Ordnung sei. Er und andere Kollegen verstünden nicht, wie man ein gesichertes Arbeitsgebiet aufgeben und so etwas Aussichtsloses wie Solarenergie beginnen könne.

Doch Goetzberger lässt sich nicht beirren. Er will ein Fraunhofer-Institut für Solarenergie gründen, allen Zweiflern zum Trotz. Er tourt durch die Unis mit einem Fluoreszenzkollektor in der Tasche, er wirbt bei Physikern für seine Idee. Dabei füllt er regelmäßig das Audimax.

Anfangs hält auch die Fraunhofer-Gesellschaft wenig von Goetzbergers Plänen. Denn zum Fraunhofer-Prinzip gehören immer auch Drittmittel aus der Industrie. Da es eine betreffende Industrie zu diesem Zeitpunkt aber praktisch nicht gibt, sind kaum Aufträge für ein Solarinstitut zu erwarten. Der Präsident der Fraunhofer-Gesellschaft Heinz Keller lässt sich schließlich dennoch überzeugen. Er sagt: „Wenn der Goetzberger das macht, mach ich mit." Zum 1. Juli 1981 wird das Fraunhofer-Institut für Solare Energiesysteme (ISE) gegründet.

Der Anfang gestaltet sich schwierig. Industrieprojekte gibt es erwartungsgemäß nicht. Und das Forschungsministerium verweigert dem Institut zwei Jahre lang die Aufträge, wie Goetzberger später gerne erzählt: „Die Beamten waren beleidigt, weil wir das Institut gegründet hatten, ohne sie zu fragen."

Doch entsprechend der Entwicklung der Solarenergie kommt auch das Fraunhofer ISE auf die Füße. Im Jahr 2010 überschreitet die Mitarbeiterzahl die Marke von 1000, das ISE ist längst das zweitgrößte Institut unter dem Dach der Fraunhofer-Gesellschaft. „Praktisch eine Großforschungseinrichtung" sei das ISE damit, sagt Goetzberger. Und fügt hinzu: „Freiburg war ein guter Boden für ein Solarinstitut." Denn der erfolgreiche Kampf gegen das Atomkraftwerk Wyhl und die aktive Freiburger Solarszene erweisen sich immer wieder als Standortvorteil.

Hinterhofidylle: der erste Sitz des Fraunhofer ISE

← ▬
Wegweisend:
Stiebel Eltron nimmt im Mai 1978 die größte und modernste Fertigung von Solarkollektoren in ganz Europa in Betrieb

← ▭
Gründer mit Fluko:
Adolf Goetzberger mit einer Platte, die den Durchbruch bringen soll

Schmuck statt Energie:
Fluko mit Botschaft

Weltgrößte Solarausstellung: die ersten Sasbacher Sonnentage im Mai 1976 auf dem Hof der Winzergenossenschaft

# Politisch engagierte Bastler

JAHR
1975

KAPITEL
03

Der Widerstand gegen die Atomkraft gibt der Solarenergie einen kräftigen Schub – und Aktivisten gründen die ersten Firmen

Anregung aus dem Radio:
Werner Mildebrath, um 1980

„Die Entwicklung der
Sonnenenergie ist von der
Kernkraftlobby systematisch
unterdrückt worden."

*Aus dem Einspruch gegen das
Atomkraftwerk Wyhl, 1975*

Deutschlandweit bekannt:
ein kleiner Ort in Südbaden

D ie ersten Bäume sind schon gefällt in den Rheinauen bei Wyhl. Doch die Bürger aus Südbaden lassen sich das nicht bieten. Sie wollen kein Atomkraftwerk vor ihrer Haustür, kein Strahlenrisiko und keinen Kühlturmnebel. Und so stürmen sie an diesem denkwürdigen 23. Februar 1975 kurzerhand den Bauplatz – die Winzer vom Kaiserstuhl, die Studenten aus Freiburg, Handwerker, Akademiker und die katholischen Landfrauen. Die Polizei ist überfordert, die Bauarbeiten müssen eingestellt werden.

Da kann Ministerpräsident Hans Karl Filbinger noch so sehr davor warnen, dass „ohne das Kernkraftwerk Wyhl bis zum Ende des Jahrzehnts in Baden-Württemberg die ersten Lichter ausgehen". Da kann das Badenwerk noch so sehr mit markigen Sprüchen hausieren gehen: „Mehr Energie, damit der Fleiß im Land sich lohnt." Die Bürger wollen das Kraftwerk nicht. Und sie sind stark, denn sie sind viele.

Die Menschen aus dem Dreiländereck wollen jedoch nicht nur Nein zur Atomkraft sagen. Sie wollen auch Ja sagen zu den Alternativen. Und dazu zählt vor allem die Energie der Sonne. Die Atomkraftgegner dokumentieren das auch in ihrem offiziellen Einspruch: „Die Ausnützung der Sonnenenergie stellt mit Sicherheit die beste Art der Energieerzeugung dar, sowohl aus globalökonomischer, lokaleuropäischer, nationalökonomischer und autarkiepolitischer Sicht."

Um der Frage vorzubeugen, warum die Solarenergie bislang in der Energiewirtschaft keine Rolle spielt, benennen die Atomkraftgegner sogleich auch ihren wesentlichen „Nachteil": „Es lassen sich damit nur schwer Monopole errichten." Schließlich gibt es vielfältige Plätze, die sich für die Solarernte eignen: In einem Energiekonzept der Atomkraftgegner ist auch der Vorschlag enthalten, alle Autobahnen mit Solarmodulen zu überdachen.

Gesagt ist das alles leicht, doch, was fehlt, ist zu diesem Zeitpunkt noch der Praxisbeweis, dass Solarenergie wirklich funktioniert. Werner Mildebrath ist da der richtige Mann. Er ist selbstständiger Elektriker, Mitte vierzig. Er wohnt in Sasbach, einem Nachbarort von Wyhl. Auf dem besetzten Bauplatz im Wyhler Wald hat er eine wichtige Aufgabe, denn er sorgt stets für die Lautsprecheranlage.

Eines Mittags hört Mildebrath im Radio, dass in den USA jemand einen Sonnenkollektor gebaut habe. Die Idee fasziniert ihn, und so beginnt er wenig später, in Heimarbeit selbst einen zu bauen. Er biegt Kupferrohre und Kupferbleche zurecht, malt das Ganze schwarz an („Mattschwarze Farbe zu bekommen war gar nicht so einfach.") und baut einen Kasten drum herum. „Den Begriff Kollektor gab es damals noch gar nicht", erinnert sich der Sasbacher später. Man spricht lediglich von „Absorbern".

Er riskiert viel dabei. Denn der selbstständige Techniker arbeitet vor allem für jenes Unternehmen, das den Atomreaktor bauen will – das Badenwerk. Doch diesen

# Motivationsschub aus Wyhl

Der erfolgreiche Protest am Kaiserstuhl stärkt den Atomwiderstand – selbst in Frankreich

Ein schneller Erfolg steht am Anfang der Anti-Atom-Bewegung. Im Juli 1973 zieht das Badenwerk seine Pläne, in Breisach am Rhein ein Atomkraftwerk zu bauen, ganz flott wieder zurück. Der Widerstand vor Ort ist dem Unternehmen einfach zu stark.

Zugleich präsentiert die Badenwerk-Tochter Kernkraftwerk-Süd GmbH den neuen Standort: die Gemeinde Wyhl am Kaiserstuhl, 2700 Einwohner groß, 15 Kilometer nördlich von Breisach gelegen. Das größte Atomkraftwerk der Welt soll dort entstehen: zwei Druckwasserreaktoren mit jeweils 1290 Megawatt elektrischer Leistung.

Doch erneut haben sich die Atomstrategen verrechnet. Die Hoffnung, in Wyhl auf weniger Widerstand zu treffen, erweist ich als abwegig. Tausende von Menschen besetzen im Februar 1975 den Bauplatz in den Rheinauen, nachdem die ersten Bäume bereits gefällt sind. Der Satz „Nai hämmer gsait" wird zum Slogan einer ganzen Region – und das Projekt am Ende verhindert.

Der Widerstand von Wyhl motiviert auch andere Bürgerinitiativen in Deutschland, in der Schweiz und in Frankreich. Im April 1975 wird auch in Kaiseraugst bei Basel ein Bauplatz besetzt, auf dem ein Atomkraftwerk geplant ist. Selbst im Atomland Frankreich, im elsässischen Gerstheim, kommt es im Januar 1977 zu einer Platzbesetzung, weil die Electricité de France (EDF) dort ein Atomkraftwerk plant. Der Widerstand hat an beiden Orten Erfolg: Die Pläne in Gerstheim werden im August 1977 gekippt, jene in Kaiseraugst im Jahre 1988.

In Kalkar, wo es ebenfalls Proteste gibt, wird zwar mit dem Bau des schnellen Brüters begonnen, aber auch dieser geht nie in Betrieb. Ähnlich ergeht es der Wiederaufarbeitungsanlage Wackersdorf in der Oberpfalz, die nach heftigen Protesten und zwei Jahren Bauzeit 1989 gestoppt wird. Trotz einiger Niederlagen – der Atomreaktor Brokdorf zum Beispiel geht trotz des großen Widerstands in der Bevölkerung 1986 ans Netz – ist die Anti-Atom-Bewegung über Jahrzehnte hinweg die stärkste außerparlamentarische politische Kraft in Deutschland.

*Die Macht der Masse: Demo in Wyhl*

Logo von 1976

Konflikt steht er durch, seine Überzeugung ist stärker als die Angst vor beruflichen Nachteilen.

Das hat er mit Jürgen Kleinwächter aus Lörrach gemeinsam. An der Feuerstelle im Wyhler Wald hält der selbstständige Physiker eines Tages einen Vortrag über Solarenergie – obwohl das Forschungsministerium zuvor angedroht hat, ihm alle Forschungsmittel zu streichen, sollte er gegen Atomkraft sprechen. Kleinwächter lässt sich den Mund nicht verbieten, er spricht trotzdem. Nicht direkt gegen Atomkraft, aber für die Sonne. Maulend fördert das Ministerium seine Arbeit auch weiterhin.

## Gipfeltreffen der Solarbastler

Bald erfährt der noch junge Bund für Natur- und Umweltschutz Deutschland (der spätere BUND) von der Aktivität Mildebraths. Große Vordenker der Ökologie – darunter Horst Stern, Bernhard Grzimek und Herbert Gruhl – haben den Umweltverband im Juli 1975 gegründet. Auch in Südbaden ist er wenig später vertreten und ruft zusammen mit den badisch-elsässischen Bürgerinitiativen die Sasbacher „Sonnentage" ins Leben.

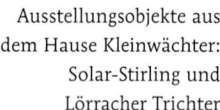

■→

Anschauliche Alternativen zur Atomkraft: Sonnentage in Sasbach, 1976

■→

Ausstellungsobjekte aus dem Hause Kleinwächter: Solar-Stirling und Lörracher Trichter

Kreative Entwickler am Werk: Exponat auf den Sonnentagen 1976

Sie finden Ende Mai 1976 auf dem Hof der Winzergenossenschaft Sasbach statt: Die Messe hat zwölf Aussteller, sie ist die weltweit erste große Ausstellung für erneuerbare Energien. Man sieht Holzbottiche der Winzergenossenschaft, in denen Wasser solar erwärmt wird, man sieht Hohlspiegel und Windradmodelle. Und man trifft auf schwarz gestrichene Radiatoren im Glaskasten – das sind die Kollektoren. Aus Lörrach steuert Jürgen Kleinwächter seinen „Lörracher Trichter" bei, einen Konzentrator für die Solarstrahlung.

Zugleich feiert unter den Laubbäumen des nahe gelegenen Festplatzes der Musikverein sein Waldfest. Die Resonanz der Messe ist enorm: Mehr als 12 000 Besucher kommen zu diesen ersten Sonnentagen am Himmelfahrtswochenende nach Sasbach. Der Eintritt ist frei. Am Eingang steht ein großer Erlenmeyerkolben als Spendenbüchse, es sind erkennbar die Naturwissenschaftler, die hier die Fäden ziehen. Der Bund für Natur- und Umweltschutz spricht von einer „sehr kleinen, weltgrößten Ausstellung".

Sie hat natürlich auch ihre Kuriositäten. Ein Aussteller behauptet, sein Kollektor könne einen Ertrag von sieben Kilowatt pro Quadratmeter erzielen. Wie das gehen soll, wo doch die Sonne nur mit maximal einem Kilowatt strahlt, hat er sich offenbar nicht überlegt.

Klaus Vanoli kann solche Übertreibung nicht dulden. Er ist Physiker und hat die Sonnentage mitorganisiert. Also läuft er mit dem Megafon über das Gelände, warnt die Gäste vor dem Hochstapler. Der droht daraufhin mit Klage wegen Geschäftsschädigung und zieht ein Gutachten der Sanitärinnung Bayern heraus. Da stehen die genannten Zahlen tatsächlich drin.

Natürlich ist das Gutachten falsch. Der Verfasser hatte schlicht gemessen, wie lange das erwärmte Wasser braucht, um aus dem Kollektor

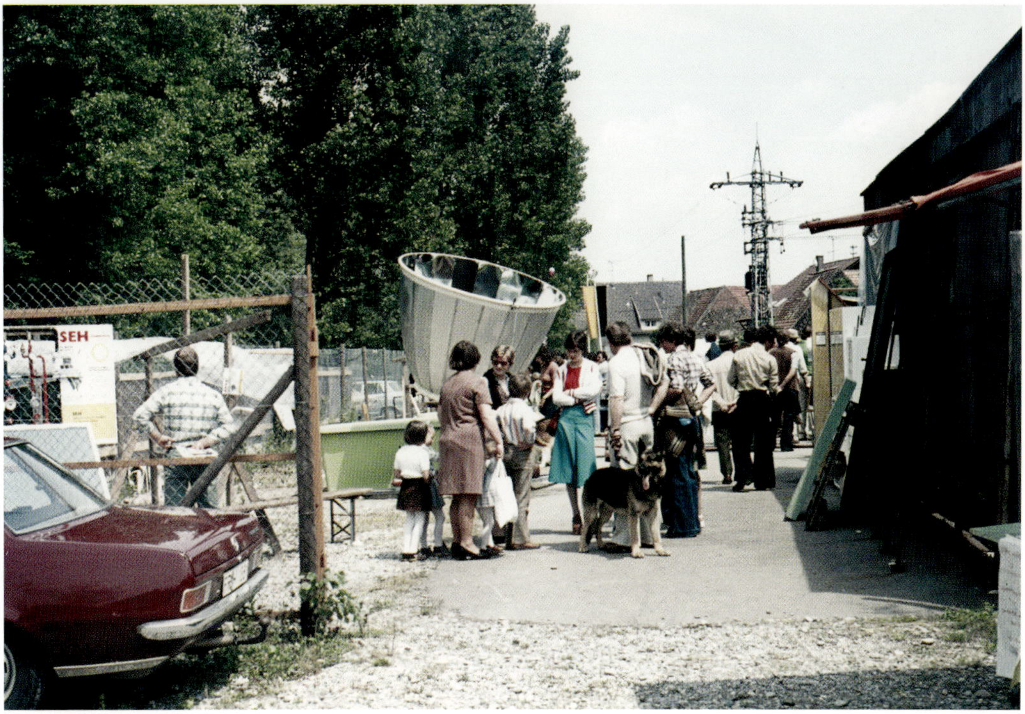
SEH

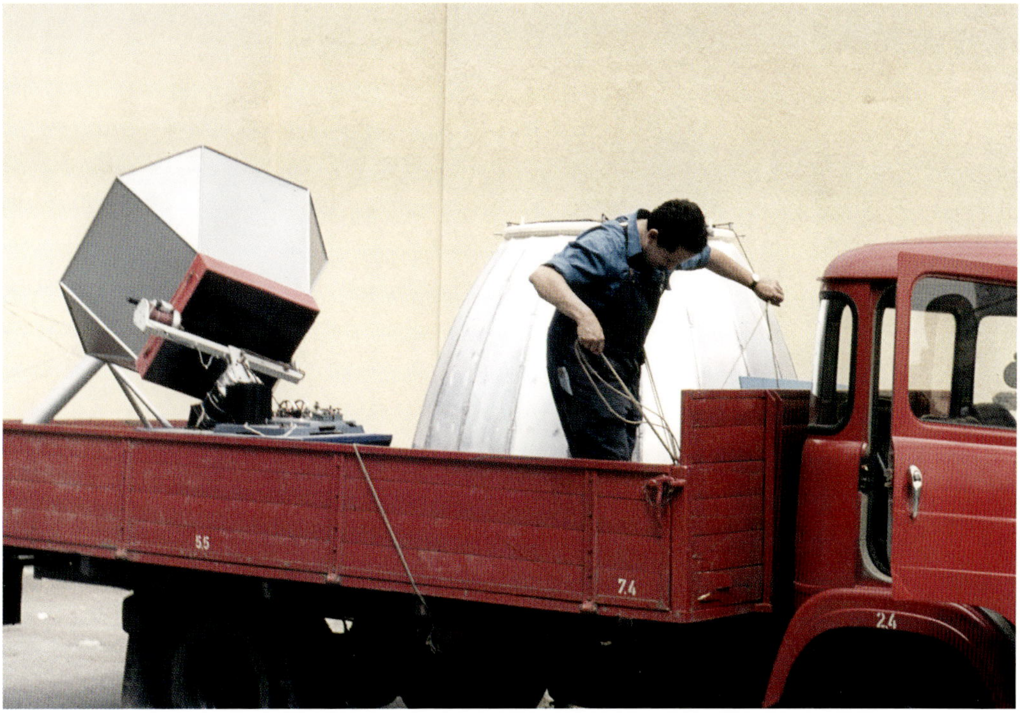
5.5
7.4
2.4

Energie-Haus GmbH
Haußmannstraße 66
D-7000 Stuttgart 1
Telefon 0711/260202
Telex 0722834

zu fließen – und diese Wärmemenge dann in Relation zur Zeit als Leistung angegeben. Purer Humbug also. Man hat zu dieser Zeit eben noch keine passende DIN, keine ISO, keine EU-Norm. Und vielfach auch keine Ahnung.

Anders Pionier Mildebrath, der hat sich inzwischen ins Metier eingearbeitet. Nach seinem furiosen Messeauftakt steigt er in die Fertigung von Solarkollektoren ein. Das Geschäft floriert: In einer Halle in Sasbach, 300 Quadratmeter groß, baut er bald mit bis zu zwölf Mitarbeitern Sonnenkollektoren. Jede Woche liefert er zwei Anlagen aus. Es gibt sie in einer Standardgröße von 1,52 Quadratmetern. Und jeder Kollektor kostet 800 Mark. Das ist sehr viel Geld um diese Zeit.

Dennoch: Die Menschen am Kaiserstuhl wollen ein Zeichen setzen gegen die Atomkraft. Bald gibt es 24 Anlagen Marke Mildebrath auf den Dächern des kleinen Winzerdorfs. Damit dürfte Sasbach zu diesem Zeitpunkt europaweit, vielleicht sogar weltweit, über die höchste Dichte an Solaranlagen verfügen. „Kollektoren sind Gift für das Badenwerk", sagt der Hersteller. Das mag überraschen, doch in den 70er Jahren ist die Stromwirtschaft massiv darauf aus, Strom auch zur Wärmeerzeugung zu etablieren. Wo Kollektoren auf dem Dach liegen, ist der elektrische Durchlauferhitzer nicht mehr zu verkaufen.

Doch der heimische Markt wird für die Firma Mildebrath bald zu klein. Und so verkauft der Unternehmer sein Produkt im Jahr 1978 erstmals nach Italien, 1979 auch nach Spanien. Dann folgt ein imageträchtiger Exportauftrag: 40 Anlagen gehen nach Ägypten – als Geschenk der Bundesregierung. Die Kernforschungsanlage Jülich hatte zuvor die Kollektoren von acht Herstellern getestet, um dann Mildebrath den Zuschlag zu geben. Er sticht dabei Großunternehmen wie BBC aus. Seine speziellen Geräte mit oben liegendem Wärmespeicher – sogenannte Thermosiphon-Anlagen – werden dann auf Privathäusern in der Geburtsstadt des Staatsoberhaupts Muhammad Anwar al-Sadat installiert.

Mildebrath ist auch in Deutschland weiterhin gut im Geschäft. „Am Wochenende war ich immer unterwegs, Anlagen zu verkaufen, in der Woche wurden sie dann gebaut", erzählt der Unternehmer später. 800 Kollektoren kann Mildebrath im Laufe der Jahre verkaufen. 1988 jedoch beendet er seine Produktion; andere Firmen bieten ihre Sonnenkollektoren inzwischen billiger an.

Alle Mitbewerber geschlagen:
Mildebrath-Kollektor
in Ägypten

← ▬
Privates Testfeld in
Sasbach: Werner Mildebraths
Kollektoren

← ▬
Viel zu gucken für jede
Altersgruppe: auf den
Sasbacher Sonnentagen 1976

Werbung einer neuen
Branche: Firmenwagen
der ersten Stunde

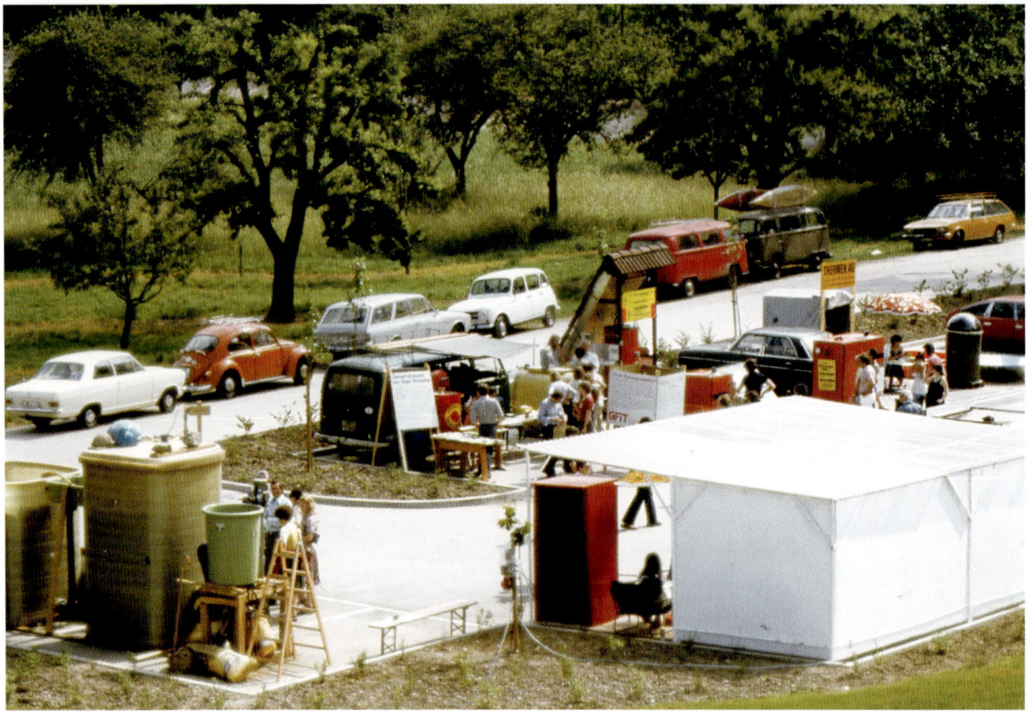

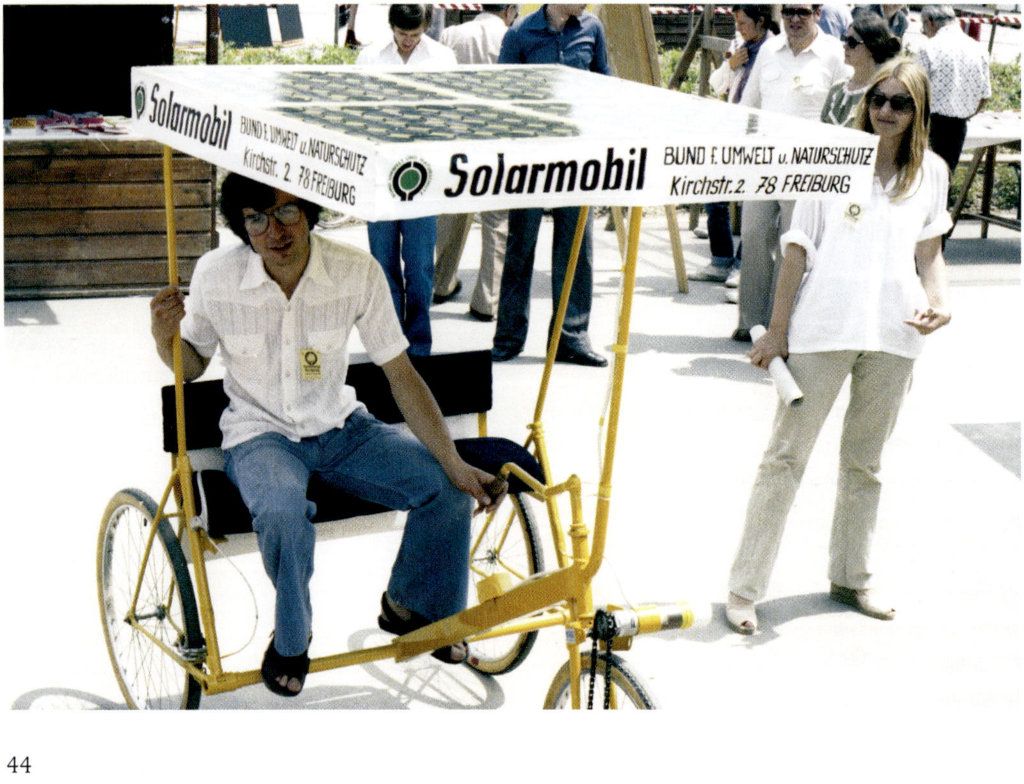

## Die Angst der Araber vor der Solarenergie

Nach dem großen Erfolg von 1976 erleben die Sonnentage von Sasbach in den Jahren 1977 und 1978 eine Neuauflage. Sie werden größer und immer professioneller. Die Industrie- und Handelskammer versucht zwar inzwischen, die Messe zu verhindern, weil die Unternehmen allesamt nicht Mitglied sind. Das Regierungspräsidium genehmigt die Messe trotzdem.

1978 sind erstmals auch Solarmodule zur Stromerzeugung zu sehen, zudem das laut Werbeflugblatt „erste Solarmobil Europas". Es ist ein dreirädriges Fahrrad, das mit Solarpaneelen überdacht ist, sein Bild wird weltweit in den Zeitungen gedruckt. Die Zellen kommen aus den USA. Motor und Getriebe des Fahrzeugs, das eher eine Rikscha als ein Auto ist, kommen von der Firma Dunkermotoren aus Bonndorf im Schwarzwald. „Deren Motor war am sparsamsten", erinnert sich Erhard Schulz von den badisch-elsässischen Bürgerinitiativen und späterer Landesgeschäftsführer des Bundes für Umwelt und Naturschutz (BUND).

Bescheidener Anfang: Standbauer auf den Sonnentagen 1978

80 Aussteller und mehr als 25 000 Besucher – das ist schließlich die Bilanz der dritten Sonnentage im Jahr 1978. Arabische Zeitungen berichten davon und zeigen sich beunruhigt: „Was passiert, wenn die Deutschen unser Öl nicht mehr kaufen?" Zugleich suchen erste Scharlatane, die Messe zu unterwandern – zum Beispiel mit Geräten zur angeblichen Nutzung von Tachyonenenergie.

Unterdessen muss der Bürgermeister von Sasbach erkennen, dass das Gelände den Ansturm nicht mehr verkraftet. Auch die kleine Kaiserstuhlbahn schafft die Besucherströme nach Sasbach nicht mehr. Zudem werden auch die Firmen immer anspruchsvoller, was das Messeumfeld betrifft. Also muss die Veranstaltung umziehen. Sie nennt sich fortan schlicht Öko, eröffnet 1980 erstmals in Freiburg – und wird bald zur größten Umweltmesse Europas.

Umzug nach Freiburg nötig: Die größte Umweltmesse Europas entsteht

Ihr kommt zugute, dass Umweltschutz inzwischen populär geworden ist. Im Jahr 1980 veröffentlicht die US-Regierung unter Jimmy Carter die Umweltstudie „Global 2000", die – wie schon 1973 „Die Grenzen des Wachstums" – in Deutschland zum Bestseller wird. Im selben Jahr gründet sich im Januar in Karlsruhe die Partei der Grünen, die 1983 erstmals in den Bundestag einzieht.

Doch in der zweiten Hälfte der 90er Jahre hat sich das Konzept der Freiburger Ökomesse überlebt. Mehr als Öko allgemein ist nun Solartechnik gefragt. Und so kommt im Jahr 2000 die Intersolar nach Freiburg, die 1991 in Pforzheim begonnen hatte, aber dort bald über die Stadt hinausgewachsen war. Im Jahr 2000 ist die Intersolar mit 200 Ausstellern und einer Fläche von 7100 Quadratmetern die größte deutsche Fachmesse für Solartechnik.

Erstmals ist Photovoltaik dabei: Sasbacher Sonnentage im Jahr 1978

Weltweit in den Zeitungen: das erste Solarmobil Europas

Aber auch Freiburg bleibt nur eine Zwischenstation. Im Jahr 2008 zieht die Intersolar weiter nach München, wo sie im Jahr 2011 mit 2000 Ausstellern rund 165 000 Quadratmeter belegt.

• Sonnen-Kollektor-Bausätze
• Solare Stromversorgung
Energieberatung
giebücher
rmaterialien
& Co GmbH
63155

SOLARANLAGEN FÜR DEN SELBSTBAU
WAGNER & CO GMBH
HERSTELLUNG UND VERTRIEB UMWELTFREUNDLICHER PRODUKTE
das solar system
der integrierte sonnenkollektor

## Marburger Jugendcamp auf dem Dach

Der Protest gegen die Atomkraft mündet in den späten 70er Jahren natürlich nicht allein im Raum Freiburg in konstruktive Projekte. Auch in anderen Universitätsstädten finden sich Atomkraftgegner zusammen, um Alternativen zu entwickeln.

Etwa in Marburg, wo zwölf junge Menschen im Herbst 1977 eine Energiegruppe gründen. Auch sie wollen sich nicht mehr alleine auf Demos beschränken. Man trifft sich wöchentlich zu Vorträgen über Windkraft, Biogas, Pyrolyse, Sonnenenergie und alternatives Bauen. Man tauscht Erfahrungen aus, reicht einschlägige Bücher und Zeitschriften herum und diskutiert angeregt. Einige aus der Gruppe fangen bald an, eine kleine Solaranlage zu bauen – und wecken damit das Interesse der alternativen Zeitschrift *Grünzeug*.

Ingeborg Haensel aus Spiekershausen bei Kassel liest *Grünzeug* und wendet sich an die jungen Leute. Sie sei es leid, im Sommer immer erst ihren Warmwasserboiler mit Holz anzuheizen, erklärt sie. Und deswegen könnten die jungen Leute ihr doch mal eine Solaranlage aufs Dach bauen – statt nur im Theoretischen zu bleiben.

Die Gruppe ist überrascht, denn so war das alles nicht geplant. Aber kneifen geht nun gar nicht, und so machen sich zehn junge Menschen ans Werk. Sie besorgen einen Aluminiumabsorber von sieben Quadratmetern sowie einen Speicher mit 300 Litern und beginnen im Frühsommer 1978 mit der Montage. Sie brauchen mehrere Wochenenden. Ingeborg Haensel bezahlt das nötige Material und bekocht die jungen Leute vortrefflich. Die Baustelle gleicht einem Jugendcamp.

Als die Anlage am Ende sogar funktioniert, sind die Hobbymonteure hoch motiviert. Sie sind überzeugt, auf dem richtigen Weg zu sein, und sie wollen ihre Erfolge nicht für sich behalten. An Samstagen stehen sie fortan in Marburg auf dem Marktplatz. Sie bieten Broschüren und Bücher zum Thema Energiesparen und alternative Energieversorgung an, aber auch Plakate, Umweltschutzpapier und Wasserstopper für die Klospülung. Der Renner ist das Buch „Dauerhafte Energiequellen", das einer aus der Gruppe,

„Das brillante, schon 1839 von dem französischen Physiker Alexandre Edmond Becquerel entdeckte photoelektrische Prinzip könnte einen großen Teil der Elektrizitätsprobleme, sogar im Transportwesen, lösen, wenn es nicht zu teuer wäre."

*„Der Spiegel"*
*über die Photovoltaik,*
*20. November 1978*

← ■
Neue Berufsperspektiven:
Solarinstallateur statt
Psychologe, Schreiner,
Ingenieur oder Physiker

← ■
Studentische Anfänge:
Stand der Firma
Wagner & Co, um 1980

Engagement in Marburg:
Die Energiegruppe informiert

# Kraftzwerg statt Kraftwerk

Strom zurück an Absender – das österreichische Modell der Wechselstrommodule

Die Idee klingt ein wenig subversiv: Man stattet ein Solarmodul mit einem Kleinwechselrichter und einem Netzstecker aus. Hängt man das Modul in die Sonne und drückt den Stecker in die Dose, fließt Solarstrom ins Hausnetz. Der Stromzähler dreht sich nun langsamer, womöglich sogar rückwärts – Strom zurück an Absender sozusagen.

Man braucht für diese Kleinanlage keinen Installateur, und kein Netzbetreiber muss sie abnehmen. Der Solarstrom fließt dennoch ins Netz, physikalisch zwangsläufig. Damit kann das Konzept überall dort sinnvoll sein, wo es keine ausreichende Vergütung für Solarstrom gibt.

Der Wiener Ingenieur Franz Niessler hat diesen „Solarkraftzwerg" in Österreich bekanntgemacht. Mit Leistungen von 100 bis 150 Watt ist das Produkt in Österreich im Handel zu bekommen. Elektrotechniker Niessler versichert, dass die Technik ungefährlich sei: Elektronik stelle sicher, dass das Paneel nur dann Strom liefert, wenn zugleich die Netzspannung ansteht. Ein Stromschlag am Stecker sei somit ausgeschlossen.

Seit Jahren schon arbeitet Niessler daran, diese Idee zu verbreiten. Jeder, der in der deutschsprachigen Solarszene nur lange genug aktiv ist, hat irgendwann schon in Niesslers Büro im Süden der Stadt Wien gesessen. Dort hat der Ingenieur, der 1989 auch Gründungsmitglied von Eurosolar Austria war, immer ein Modul zur Demonstration stehen.

In großem Stil durchgesetzt hat sich der „Solarkraftzwerg" dennoch bislang nicht. Aber es gibt durchaus entsprechende Anlagen: In Purkersdorf zum Beispiel, einem Vorort von Wien, wurden bereits im Mai 1995 zehn dieser Module an einem Kindergarten installiert – als erste Gemeinschaftssolaranlage des Landes.

Niessler glaubt an das Potenzial dieser Technik: Der Kleinwechselrichter könne in Zukunft sehr preiswert werden, denn er sei aus technischer Sicht einem Vorschaltgerät für Leuchtstofflampen sehr ähnlich. So könne eine Massenfertigung die Preise enorm drücken, was der etablierten Stromwirtschaft Angst mache. Denn setze sich das Konzept eines Tages durch, gingen den großen Konzernen erhebliche Marktanteile verloren. Das Modul könne „die Energielandschaft spürbar verändern".

*Energiewende auf die unkomplizierte Art: Franz Niessler*

Thomas Rotarius, im Februar 1978 mit einer Auflage von 2000 Stück veröffentlicht hat.

Das Pilotprojekt in Spiekershausen spricht sich herum, und so folgt bereits im Herbst 1978 eine zweite Solaranlage: 20 Personen in einem privaten Kinderheim in Ehringen bei Kassel sollen mit warmem Wasser versorgt werden. Die Hobbyinstallateure entscheiden sich für 20 Quadratmeter Kollektoren mit Stahlabsorber und zwei Kombispeicher je 500 Liter. Die kaufen sie bei der Firma Thyssen, weil deren Vertriebsleiter bereit ist, die Öko-Aktivisten als Geschäftskunden zu akzeptieren. Mit einem VW-Bus holen sie den Speicher und die Kollektoren im Werk Fröndenberg persönlich ab und vollenden die Anlage nach vier Wochen. Die Materialkosten liegen bei 7500 Mark, ihre Arbeitsleistung stellen die Solarfreunde nicht in Rechnung.

Damit kommt jedoch langsam die Frage auf: Bietet das Solargeschäft womöglich eine Berufsperspektive? Solarinstallateur statt Psychologe, Schreiner, Ingenieur oder Physiker? Die Idee, eine Firma zu gründen, wird geboren. Zumal auch erste Gedanken zur Haftung aufkommen. Was wäre zum Beispiel, wenn eines Tages ein Speicher undicht würde und 1000 Liter Wasser über drei Stockwerke durchs Haus plätscherten? Keine Frage, eine GmbH muss her.

So sitzen die Solarfreunde im Dezember 1978 beim Notar und gründen die Awesta Gesellschaft für umweltfreundliche Produkte mit beschränkter Haftung – Awesta steht für Alternative Werkstätten. Doch das Amtsgericht akzeptiert den Firmennamen nicht. Eine kleine Firma solle den Namen eines Eigentümers führen und keinen Fantasienamen.

Doch welcher Name kommt infrage? Die Auswahl ist groß: Holland, Jacobs, Maas, Rabanus, Rotarius, Schreier, Wagner und Weber stehen zur Verfügung. „Einige Nachnamen sind wenig geeignet, weil sie Assoziationen an ein Land oder einen Fluss, einen feinen Club oder Kaffee wecken", befindet die Gruppe. Andere Namen fallen aus, weil die Betreffenden dagegen sind. Am Ende bleibt nur der Name Wagner. Zumal es mit Eva und Andreas gleich zwei Wagners gibt, und die sind nicht einmal verwandt. Im Juni 1979 wird dann die Firma „Wagner & Co GmbH, Herstellung und Vertrieb umweltfreundlicher Erzeugnisse" offiziell eingetragen. Das Unternehmen wird später zu einem der großen Anbieter von Solarkollektoren; im Jahr 2010 beschäftigt Wagner & Co mit Sitz in Cölbe mehr als 400 Mitarbeiter.

Mitbewerber der frühen Stunde ist die Firma Solvis. Firmengründer ist Elektrotechniker Helmut Jäger. Er ist geprägt von der Ölkrise, die er im Alter von 17 Jahren erlebte, er hat auch den Bericht des Club of Rome gelesen. Und so hängt er im Jahr 1982 seinen Job in der Forschung und Entwicklung bei VW an den Nagel. Bei Landmaschinentechnikern der Fachhochschule Weihenstephan lernt er etwas über Solarkollektoren und gründet dann zusammen mit zwei Freunden das Ingenieurbüro Ökoplan, außerdem den Installationsbetrieb Jäger Solartechnik. Daraus wird 1988 die Solvis GmbH.

Geschäftsführer von Solvis: Heinz Schmitz und Helmut Jäger, 1997

„Die Kosten der heutigen Sonnenzellen können bei Massenproduktion auf das Hundertstel und vermutlich noch weniger gesenkt werden. Hausdächer zur Stromgewinnung gibt es bereits in Prototypen in den USA. Es ist lächerlich, von den heutigen Kosten und Schwierigkeiten auf die Unwirtschaftlichkeit von morgen zu schließen."

*Aus dem Einspruch gegen das Atomkraftwerk Wyhl, 1975*

# Workshop statt Atommeiler

In Österreich endet eine Volksabstimmung am 5. November 1978 mit einer hauchdünnen Mehrheit: 50,47 Prozent der Bürger lehnen die Inbetriebnahme des quasi fertiggestellten Atomkraftwerks Zwentendorf auf dem Tullnerfeld bei Wien ab. Politisch ist die Atomkraft damit in Österreich tot.

Der Blick richtet sich fortan auf die Alternativen. Ein Selbstbau-Workshop im Jahr 1979 in Sankt Marein bei Graz bringt erstmals die einschlägigen Bastler zusammen. Ab 1982 gründen sich in der Oststeiermark immer mehr Solarbaugruppen, die Kollektoren selbst löten. Als 1986 und 1987 die Solarbaugruppen regelrecht boomen, kommen in Österreich mehr Selbstbauanlagen auf die Dächer als Produkte gewerblicher Anbieter, die es inzwischen auch gibt.

Aus der Selbstbaubewegung geht im Jahr 1988 die Arbeitsgemeinschaft Erneuerbare Energie (AEE) hervor. Sie wird unter dem Namen AEE Intec in den folgenden Jahren nicht nur ein führender Repräsentant der österreichischen Solarbewegung, sondern auch ein anerkanntes Forschungsinstitut.

Zugleich greift das Thema Selbstbau auch auf andere Länder über. 1991 entsteht auf Initiative von Mitgliedern des BUND in Frankfurt eine Selbstbaugruppe. Es folgen Solarbaugruppen in der Schweiz und in Italien (Südtirol). Und mit Unterstützung der Europäischen Kommission und österreichischen Ministerien wird die Aktivität bald auch in die Tschechische und Slowakische Republik, nach Slowenien und nach Lettland ausgeweitet.

Längst sehen Atomphysiker ihr Metier durch die Erfolge der Solarenergie bedroht, was niemand besser belegt als Walter Seifritz, der Leiter der Physikabteilung im Eidgenössischen Institut für Reaktorforschung (EIR) in Würenlingen. In einer Polemik mit dem Titel „Sanfte Energietechnologie – Hoffnung oder Utopie" unterstellt Seifritz den Solarfreunden im Jahr 1980 „eine gewisse Zivilisationsmüdigkeit" sowie das Ziel, „den Lebenssaft der heutigen Zivilisationsmaschine auszutrocknen".

Seifritz schreibt von „Solarideologen", die „letzten Endes nichts anderes als eine Gesellschaftsänderung anvisieren". Er lässt sich aus über „introvertierte Wissenschaftler", die in diesem Fachgebiet arbeiten, dessen „Zusammenhänge simpel" und die „benötigten physikalischen Grundkenntnisse einfach beziehungsweise schnell repetierbar" seien. In der Kerntechnik hingegen müsse man ein „wacher Geist" sein, schließlich seien „die intellektuellen Anforderungen hier unwahrscheinlich viel komplexer als bei der Sonnenenergienutzung".

Die Angst der Atomwirtschaft vor dem Aufgang der Sonne ist groß in diesen Zeiten.

# Vom Isolierglas überrollt

## Die transparente Wärmedämmung setzt sich nie in großem Stil durch

*TWD im Einsatz: Sitz der Internationalen Gesellschaft für Solarenergie (ISES) in der Freiburger Wiesenstraße*

In den 80er Jahren gehört die transparente Wärmedämmung (TWD) zum energieeffizienten Bauen stets dazu. Auch am Fraunhofer-Institut für Solare Energiesysteme ist sie in den Anfangsjahren eines der wichtigsten Forschungsobjekte. Durchsetzen kann sich die Technik jedoch nie in großem Stil.

Die Dämmelemente bestehen in der Regel aus Kunststoff. Das kann Polycarbonat sein oder Polyacryl, aber auch Zelluloseacetat. Das Acetat hat den Vorteil, dass es aus nachwachsenden Rohstoffen (zum Beispiel Holz) herstellbar ist. Glassysteme, mit denen bis in die 90er Jahre hinein gearbeitet wird, verschwinden später fast vollständig.

Der Gedanke ist im Grunde bestechend: Die transparente Dämmung wird auf die Außenwand aufgebracht – entweder unmittelbar oder mit einem Luftspalt. So trifft die solare Strahlung durch die etwa zehn Zentimeter dicke Schicht auf die dahinterliegende Wand, wo sie durch Absorption in langwellige Wärmestrah-

lung umgewandelt wird. Damit ist die Energie wie in einem Treibhaus gefangen. Die Wand heizt sich folglich auf und gibt ihre Wärme in den folgenden Stunden durch die dahinterliegende konventionelle Hauswand ins Innere des Gebäudes ab. „Solare Wandheizung" wird dieses Verfahren auch genannt. Alternativ dazu kann man die transparente Dämmung auch dort einsetzen, wo man einerseits (ähnlich Glasbausteinen) Tageslicht nutzen möchte, andererseits aber auch auf höchste Wärmedämmung Wert legt.

Doch bald bekommt die transparente Wärmedämmung harte Konkurrenz durch das Isolierglas. Die Dämmwerte von Fensterglas sind irgendwann so gut, dass sich auch in energieeffizienten Bauten große Glasflächen realisieren lassen. Seither bevorzugen die meisten Bauherren eine passive Nutzung der Sonnenwärme durch eine große Glasfront auf der Südseite des Hauses. Doch eines hat die TWD im Rückblick bewirkt: Sie hat die Themen Architektur und Energie zusammengebracht – auf Dauer.

Zeitweise das größte
Solarkraftwerk Europas:
Anlage mit 500 Kilowatt
auf dem Mont Soleil
im Berner Jura

# Ab ins Netz mit dem Solarstrom

Energie aus Photovoltaik wird künftig eingespeist, Energiekonzerne
bauen die ersten Großanlagen – und der Bundesverband Solarenergie
ist in der Essener RWE-Zentrale zu Hause

Solarspringbrunnen:
Testobjekt in Würenlingen

Auf dem Geräteschuppen:
erstmalig mit Netzanschluss

**D**ie Revolution kommt im November 1979 unscheinbar daher. Auf einem Geräteschuppen in Würenlingen im Schweizer Kanton Aargau speist eine Solaranlage Strom ins Netz ein. Erstmals in Europa. Sie leistet bescheidene zwei Kilowatt.

Ausgerechnet das Eidgenössische Institut für Reaktorforschung (EIR) hat die Anlage auf den Weg gebracht. Denn auch in der Schweiz ist ingenieurwissenschaftliche Grundlagenforschung in den 70er Jahren fast zwingend mit der Atomforschung assoziiert. Das Bundesamt für Energie in Bern hatte im Jahr 1975, als man in Konsequenz auf die Ölkrise neue Wege suchte, das EIR mit der Solarforschung beauftragt (das spätere Paul Scherrer Institut).

Markus Real ist der Vater des Projektes. Der Ingenieur, jung und motiviert, ist – wie so viele in dieser Zeit – von den Arbeiten des Club of Rome geprägt. Es drängt ihn zur Sonne. Nun darf er am EIR die Abteilung Solarkraftwerke aufbauen. Es ist seine erste Stelle.

Auf einer Fortbildungsreise in die USA im Jahr 1978 lernt Real am Jet Propulsion Laboratory eine photovoltaische Solaranlage kennen. Die einfache Bauart der Technik überzeugt ihn. Zurück in der Schweiz, gelingt es ihm, das Reaktorinstitut für seine Idee zu gewinnen. Die Solarmodule der amerikanischen Firma Arco sind zwar „noch teurer, als wenn sie aus purem Gold gefertigt wären", hat Real errechnet. Aber das stört niemanden. Die Experimente mit der neuen Technik sind es wert.

Auf dem Schuppen vor der Kantine des EIR wird die Anlage schließlich in Betrieb genommen. Es sind 36 Module je 55 Watt. Den Wechselrichter hat Markus Real mit seinen Kollegen selbst entwickelt. Doch von der wahren Innovation der Netzkopplung erfährt in dieser Zeit niemand, nicht einmal das örtliche Elektrizitätswerk, denn die Energie verbleibt im Hausnetz des Institutes.

An die Öffentlichkeit dringt später ein Projekt der Gruppe Ticino Solare (Tiso) in Canobbio in der Schweiz: Eine Anlage mit zehn Kilowatt geht dort 1982 ans Netz – häufig gilt sie als die erste netzgekoppelte Anlage Europas.

## Der Trick mit der Herdplatte

In Deutschland beginnt die Geschichte der Netzeinspeisung mit einer Reise in die USA im Jahr 1976. Der Münchener Filmproduzent Jochen Richter möchte einen Dokumentarfilm über Glasarchitektur drehen. „Der Himmel in den Häusern" soll er heißen.

Richter beginnt seine Recherchen in New York, doch die Stadt gibt nicht genug her an Architektur. Man schickt ihn nach New Canaan in Connecticut, wo das Glass House von Philip Johnson steht, sowie nach Illinois zum Farnsworth House, gebaut nach einem Entwurf Ludwig Mies van der Rohes. Richter wird auf der Reise immer mehr zum Liebhaber der Glasarchitektur.

■ →
Zum Glück mit
Einliegerwohnung: Solarhaus
in München-Milbertshofen

■ →
Münchener Solarhaus
überfordert den Baureferenten:
Wo hört die Wand auf,
wo fängt das Dach an?

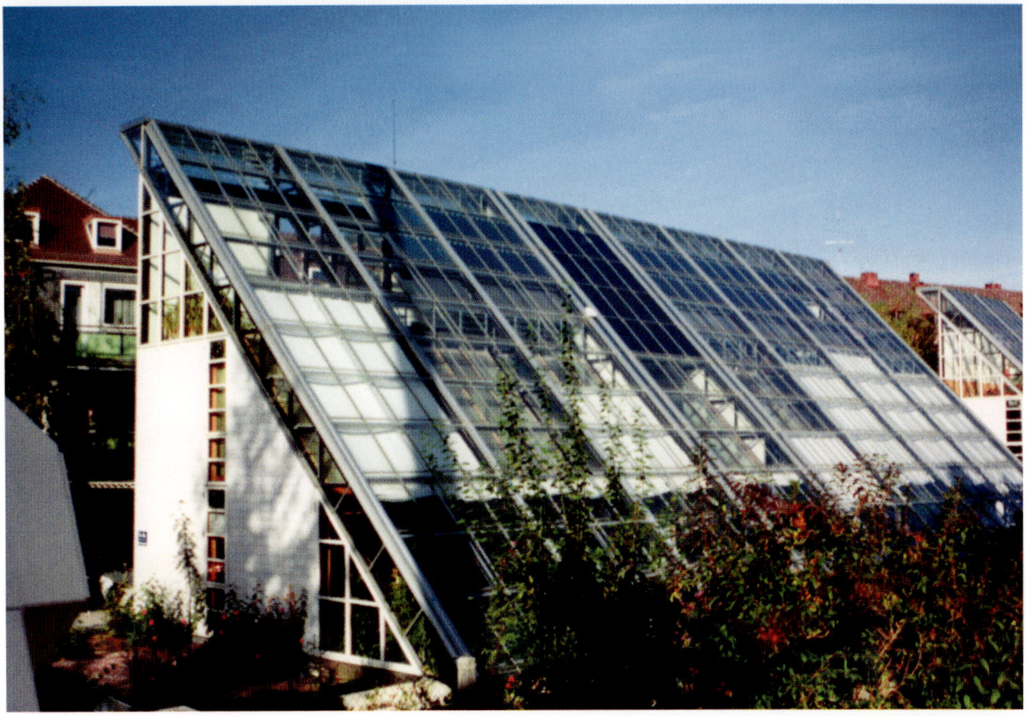

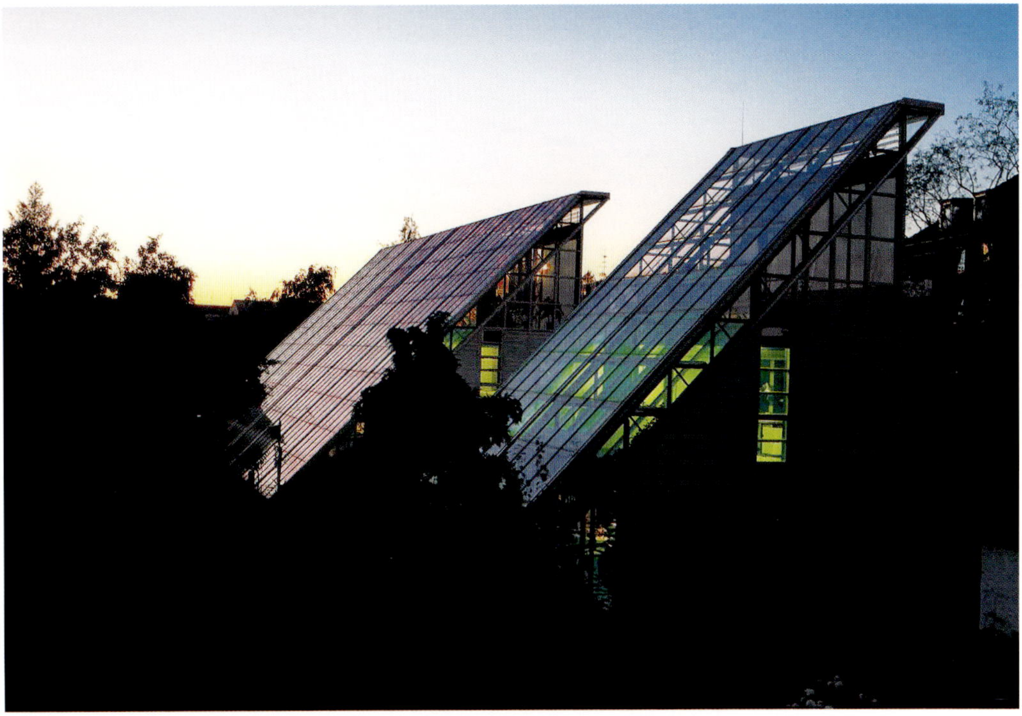

Ministerkollegen:
Andreas von Bülow (links)
und Hans Matthöfer

„Sonnenenergie ist nur
eine von sehr vielen
Voraussetzungen dafür,
dass diese Welt noch eine
Überlebenschance hat."

*Jürgen Kleinwächter,*
*alias Wolf Loder im Roman*
*„Im Frühling singt zum*
*letzten Mal die Lerche"*
*von Johannes Mario Simmel*

■ →

Von Norden besehen:
Photovoltaik am
Solarhaus München

■ →

Problemmodule: Zwischen
die Glasplatten mit den
Zellen dringt Wasser ein

■ →

Vorbild für München:
Solarhaus von Architekt
Herzog in Regensburg

Und das hat Folgen. Wieder zurück in München, steht der Bau eines eigenen Hauses an. Richter will nun möglichst viel Glas verbauen, die Sonne einfangen. Und es liegt nahe, dass er dabei an den Münchener Architekten Thomas Herzog gerät. Der hat in Kassel einen Lehrstuhl, er hat nachhaltiges Bauen zu seinem Thema gemacht. In Regensburg hat er soeben ein Solarhaus aus Glas und Holz gebaut. Auch er ist ein Verehrer Mies van der Rohes, das verbindet.

Die ersten Pläne entstehen 1977. Doch ein Bauplatz ist in München für ein derart ausgefallenes Projekt nicht leicht zu finden. Denn es ist mit den kommunalen Bauvorgaben in der Regel nicht kompatibel. Man braucht also ein Areal ohne allzu gestrengen Bebauungsplan.

München-Milbertshofen ist ein Mischgebiet mit Landhäusern und Flachdächern. Da dürfte auch ein keilförmiger Glasbau passen – denkt Richter. Doch die Baubehörde sieht das anders, sie hält den Bauherrn schlicht für verrückt: „Die Mitarbeiter schlugen sich auf die Schenkel, wenn ich kam", erinnert er sich später. Vor allem aber hat die Baubehörde ein formales Problem: „Wo fängt das Dach an?", will der Baureferent wissen, „wie ist die Traufhöhe?" Richter erklärt, dass Dach und Wand bei diesem Haus eins sind. Der Baureferent ist überfordert.

Richter kauft das Grundstück in der Wilhelm-Raabe-Straße trotzdem im Jahr 1978. Dann wendet er sich direkt an Oberbürgermeister Erich Kiesl. Der muss sich zwar auch erst mal erklären lassen, was ein Solarhaus sein soll, aber dann stimmt er zu, ganz unkompliziert.

Der Bau beginnt 1979. Das Haus wird realisiert mit 45 Grad Dachneigung, es weist exakt nach Süden. Architekt Herzog wollte eigentlich noch flacher bauen, der Keil sollte noch länger werden, aber dafür ist das Grundstück zu klein. Also baut er nun steiler als ursprünglich gewollt. Die Nachbarn sagen nur: „Der ist verrückt." 1981 zieht Richter ein.

Doch die Architektur ist nicht alles. Der Bauherr will auch Solarstrom vom Dach ernten. Und er will ihn sogar einspeisen ins öffentliche Netz. Zu dieser Zeit ist das ein verwegener Plan.

Es könnte ein Pilotprojekt werden, denkt der Bauherr und schreibt wegen eines Zuschusses ans Bundesforschungsministerium. Minister Andreas von Bülow antwortet persönlich. Er fühlt sich offenbar belästigt durch das Ansinnen, nennt das ganze Vorhaben „Idiotie". Warum, bitte schön, solle man Solarstrom einspeisen? Und dann fragt der Minister den Absender noch, ob dieser glaube, er lebe am Mittelmeer. Kein Forschungsgeld also.

Richter finanziert das Projekt nun selbst. Im Jahr 1983 kauft er sich AEG-Module mit zusammen 2,5 Kilowatt, sie sind noch handgemacht. Ins Glasdach werden sie eingebaut. Hinzu kommen Module der Firma Siemens, zwei Kilowatt stark.

Auch Architekt Herzog will den Solarstrom einspeisen. Er weiß, dass es ein bayerisches Gesetz von 1911 gibt, wonach Sägewerksbetreiber ihren Wasserkraftstrom ans Netz abgeben dürfen. Dann läuft der Zähler einfach rückwärts. Warum sollte das nicht auch für Solarstrom gelten?

# Sichtbare Sonnenkraft

In der Schweiz startet 1985 erstmals die Tour de Sol – als Werbeaktion für die Energie vom Himmel

Die Nachfrage nach Solartechnik ist schlecht in den Jahren 1983 und 1984. Was also tun? Der Schweizer Unternehmer und Solarpionier Josef Jenni will Solarenergie im ganzen Land zum Gesprächsstoff machen – und organisiert ein Solarautorennen vom Bodensee zum Genfer See. Der Wettkampf soll demonstrieren, dass Solarenergie nicht nur in heißen Gebieten nutzbar ist, sondern auch in Mitteleuropa. Und sogar in den Schweizer Alpen.

Weltmeister 1987: Rolf Disch

Solare Großfläche: Fahrzeug 1985

Die erste Tour startet im Juni 1985. In fünf Etappen führt sie von Romanshorn über Winterthur nach Genf. Man sieht Gefährte aus Bastlerwerkstätten, aber auch schon professionelle Autos. Am Start sind 73 Fahrzeuge. Es gibt eine Wertung für Modelle ohne Zusatzantrieb, eine andere für solche, die ergänzend Muskelkraft nutzen. Zulässig sind maximal sechs Quadratmeter Solarmodule entsprechend 480 Watt. Die Batterie darf höchstens 4,8 Kilowattstunden fassen, am Start darf sie voll geladen

sein. Sieger wird das Solarfahrzeug alpha real; der Schweizer Ingenieur Markus Real hat es zusammen mit dem Automobilhersteller Mercedes-Benz entwickelt.

Neunmal findet die Veranstaltung in der Schweiz statt. Jedes Jahr werden die Fahrzeuge professioneller, jedes Jahr wechselt die Strecke. Und schon bald gibt es einen Nachahmer: 1987 startet in Australien nach dem Vorbild der Tour de Sol erstmals die World Solar Challenge. Während das Schweizer Original 1993 zum letzten Mal stattfindet, besteht der Wettbewerb in Australien bis heute fort.

Fortgeschritten: bei der World Solar Challenge

Doch ein solches Projekt braucht Partner. Im Sommer 1981 ist in Freiburg das Fraunhofer-Institut für Solare Energiesysteme (ISE) gegründet worden. Herzog holt die Wissenschaftler mit ins Boot, auch für sie ist die Netzeinspeisung noch neu.

Auf dem eigenen Gebäude hat das ISE zwar schon frühzeitig eine Solaranlage aufgebaut, die ihren Strom ins Netz abgibt. Aber davon weiß außerhalb des Instituts niemand, vom Technischen Leiter des Freiburger Energieversorgers FEW mal abgesehen. Aber auch er darf nicht darüber reden. Insofern reizt das Münchener Projekt – es soll die Netzeinspeisung rausbringen aus der Halblegalität.

Die Forscher bauen zwei identische Wechselrichter. Denn ständiger Ersatz ist bitter nötig, eines der Geräte ist fast immer auf dem Weg nach Freiburg in die Werkstatt. Vier Tage vor der Einweihung ist Projektleiter Jürgen Schmid abermals in München, um den Wechselrichter zu testen. Nach einer Stunde ist das Gerät schon wieder kaputt. Wieder ist eine Nachtschicht fällig – zum Glück hat das Haus eine Einliegerwohnung.

Am 28. September 1983 ist es so weit. Bauherr Richter lädt die Stadt München zur Einweihung, schließlich hat der Oberbürgermeister das Projekt persönlich ermöglicht. Es gibt Weißwurst und Brezeln.

Unerwartet meldet sich plötzlich auch der bayerische Wirtschaftsminister Anton Jaumann an. Er will auch Journalisten mitbringen. Die sollen sehen, wie mit Inbetriebnahme der Solaranlage der Stromzähler im Haus rückwärtsläuft. Für ISE-Forscher Schmid ist damit klar: „Das steht im Drehbuch, das müssen wir bieten."

Aber er hat ein Problem. Denn der Wechselrichter ist darauf ausgelegt, dass die Leistung der Solaranlage am Morgen langsam ansteigt. Wird das Gerät erst bei praller Sonne, also unter voller Last, plötzlich eingeschaltet, könnte es kaputtgehen. Was also tun?

Schmid hat eine Idee. Er kauft eine elektrische Herdplatte, die mehr verbraucht, als die Anlage an Strom liefert. Als das Fernsehen kommt, läuft die Solaranlage schon in vollem Betrieb. Weil die Herdplatte aber die gesamte Energie verbrät, läuft der Stromzähler ganz normal vorwärts. Dann drückt Minister Jaumann den Knopf – und die Kameras filmen, wie der Stromzähler plötzlich rückwärtsläuft. Was in diesem Moment weder Jaumann noch die Journalisten wissen: Der Minister hat nicht die Solaranlage gestartet, sondern die Herdplatte ausgeschaltet.

Eine schöne Aktion also. Doch später macht die Anlage immer wieder Probleme – nicht nur der Wechselrichter, auch die Module. Die dachintegrierten AEG-Module nehmen bald Schaden, zwischen die beiden Glasplatten dringt Wasser ein. Versuche, sie mit Silikon zu retten, scheitern, denn die Dichtung reißt immer wieder ein, weil sich die obere Platte stark erhitzt. Und so werden 1987 stattdessen Siemens-Module mit Aluminiumrahmen installiert. Sie haben dreieckige Aufkleber, die vor Spannung warnen. Nötig ist das: „Die Hälfte des Stroms floss über den Rahmen ab", erinnert sich Richter später. Anfang der 90er Jahre kommen wiederum neue Module aufs Dach, erst dann wird alles gut.

Macht Fernsehteams glücklich: Jürgen Schmid

„Bis auf wenige Optimisten erschien den meisten Beteiligten Photovoltaik als Energiequelle im deutschen Netz abwegig; realistischer erschienen Anwendungen in Kleingeräten, Umweltmessstationen, Inselversorgungen und vor allem Elektrifizierungsmaßnahmen in ländlichen Gebieten der Dritten Welt."

*Gerd Eisenbeiß, langjähriger Referent für Energie im Forschungsministerium, 2010 im Rückblick auf die späten 80er Jahre*

## Neue Wege nach dem Growian-Fiasko

Ohne Bürgschaften geht gar nichts: SMA-Gründer, 1981

In dieser Zeit ist der Windstrom dem Sonnenstrom weit voraus. Rückblick ins Jahr 1978: Das Forschungsministerium hat den Bau einer großen Windkraftanlage beschlossen. Sie heißt Growian. Drei Megawatt soll die Maschine bringen, die im Herbst 1983 bei Marne in Schleswig-Holstein ans Netz geht. Sie wird ein Flop – aber das ist eine andere Geschichte.

Mit der Regelung und der Leistungselektronik der Anlage ist die Universität Kassel befasst. Werner Kleinkauf hat dort im Jahr 1976 eine Professur für Leistungselektronik angetreten und das Fachgebiet Elektrische Energieversorgungssysteme aufgebaut. Peter Drews, Günther Cramer und Reiner Wettlaufer sind drei Studenten in Kassel, die ihre Diplomarbeit am Growian machen und später wissenschaftliche Mitarbeiter am Institut werden. Und weil sie in der Wechselrichtertechnik Zukunft sehen, gründen sie 1981 zusammen mit Kleinkauf eine Firma. Sie nennen sie SMA, das steht schlicht für „System-, Mess- und Anlagentechnik".

Leicht ist das nicht. Ein Gründungskredit in Höhe von 30 000 Mark muss mit vier Bankbürgschaften und vier Lebensversicherungen unterlegt werden. Denn der Bau von Wechselrichtern gilt den Bankern zu diesem Zeitpunkt nicht unbedingt als tragfähiges Geschäftsmodell.

Als nach dem Growian-Fiasko Firmen wie MBB und MAN kleinere Windräder bauen, findet die Firma SMA erste Abnehmer für ihre Wechselrichter. Der Weg ins Solargeschäft beginnt später auf der griechischen Insel Kythnos: Als der Wechselrichter einer 100-Kilowatt-Solarstromanlage, der von der Siemens-Tochter Interatom stammt, seinen Geist aufgibt, kommt SMA zum Zuge. Die Firma findet Gefallen an der Photovoltaik – und gibt die Windkraft später auf.

## Hightech auf der Nordseeinsel

Zwischenzeitlich hat auch die Nordseeinsel Pellworm Solargeschichte geschrieben. Am 12. Juli 1983 geht dort eine Photovoltaikanlage mit 300 Kilowatt in Betrieb, es ist das größte Solarkraftwerk Europas, das zweitgrößte der Welt. Von einer „historischen Stunde" spricht Eckehard Schmidt, der Leiter des Fachbereichs Neue Technologien bei der Firma AEG.

Und das ist nicht übertrieben: 17 568 Solarmodule stehen nun hier auf einer Schafweide, montiert auf Holzgestellen. Sie beanspruchen so viel Platz wie zwei Fußballfelder. Das Projekt ist ein Meilenstein auch für die AEG. In Deutschland, beeilt sich Schmidt dann noch schnell zu sagen, werde der Sonnenstrom nie Bedeutung erlangen. Für abgelegene Gebiete jedoch, vor allem in der Dritten Welt, sei die Technik wichtig.

■ →
SMA schwenkt von der Windkraft zur Sonne: Photovoltaikanlage auf der griechischen Insel Kythnos

■ →
Stromernte zwischen Schafen: Solarstromanlage auf der Nordseeinsel Pellworm

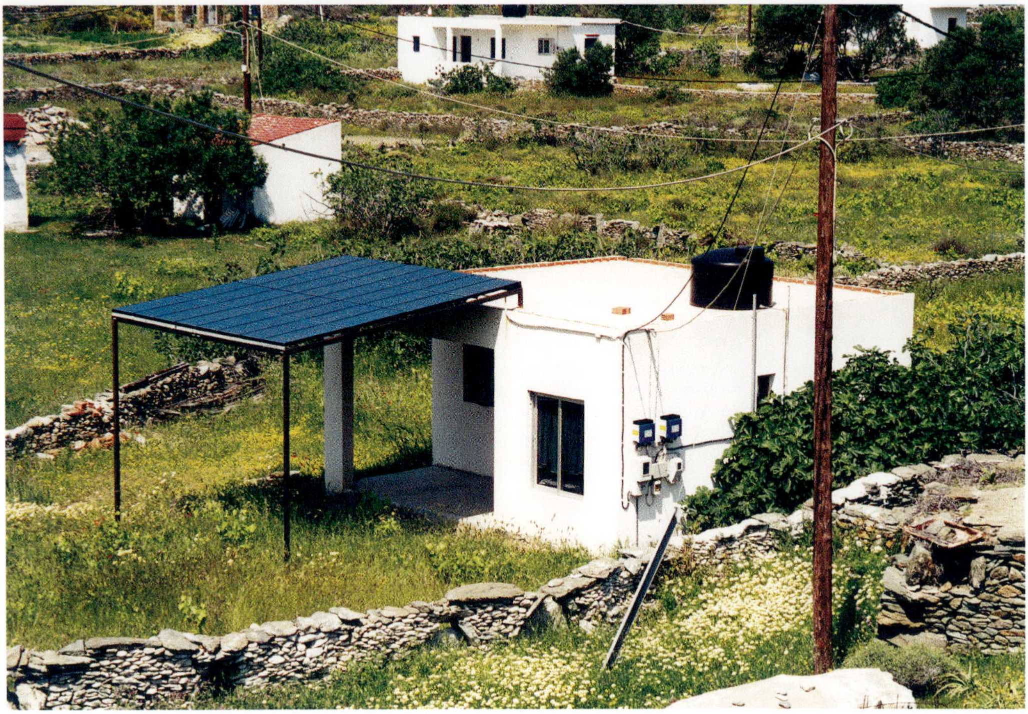

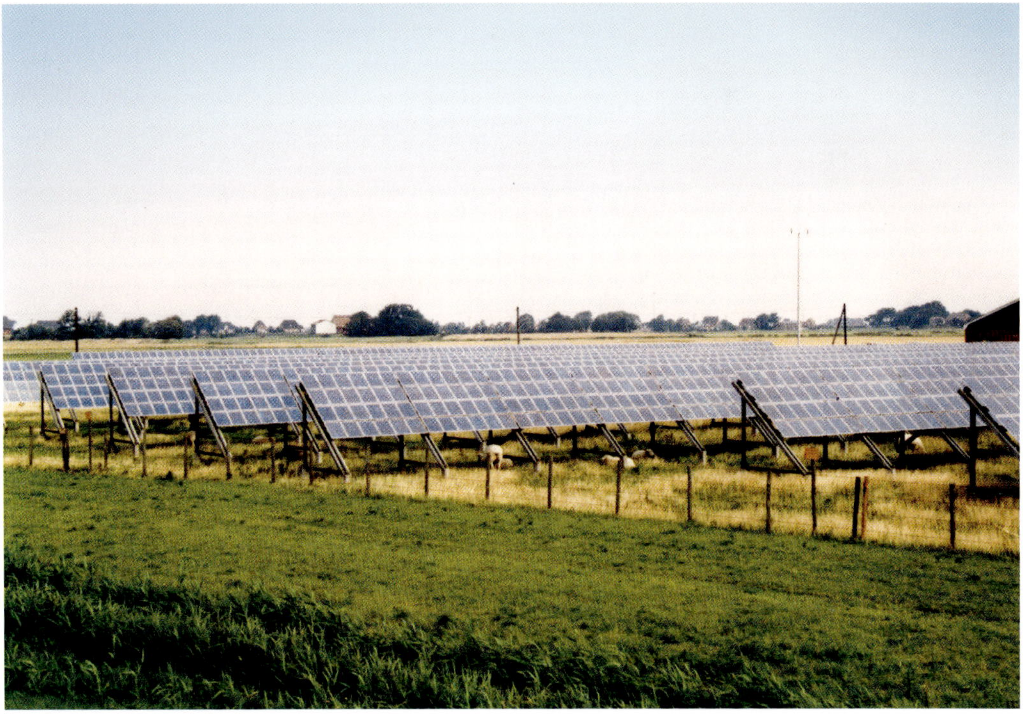

Er spricht mit jener Geringschätzung der Sonnenenergie, die typisch ist für diese Zeit. Auch Forschungsminister Heinz Riesenhuber, der seit 1982 im Amt ist, ist davon geprägt. Wissenschaftlich schätzt der Chemiker die Photovoltaik, denn sie klingt für ihn nach Hightech, nach Physik und Optoelektronik. Als Energiequelle im Stromnetzverbund gibt er ihr jedoch keine Perspektive, was vielleicht auch daran liegt, dass es die etablierte Großindustrie und die Stromwirtschaft sind, die Anfang der 80er Jahre über die einschlägige Deutungshoheit verfügen.

Der Bundesverband Solarenergie (BSE) ist um diese Zeit im RWE-Hauptgebäude angesiedelt, in der Kruppstraße 5 in Essen. Sein Vorsitzender heißt Bernd Stoy. Er ist bei RWE als Chef der Anwendungstechnik für Elektrofahrzeuge und erneuerbare Energien zuständig, ein vielseitig interessierter Mensch. Die Ölkrise hat ihn geprägt, er hat die „Grenzen des Wachstums" gelesen. Und er hat 1978 zusammen mit dem späteren Wirtschaftsminister Werner Müller ein Buch geschrieben mit dem Titel „Entkopplung – Wirtschaftswachstum ohne mehr Energie?"

Stoy hat gute Kontakte in die Industrie. Er hatte die Gründung des BSE beim RWE-Vorstand angeregt – und durchgesetzt. Er verkörpert den Verband so sehr, dass dessen Kürzel mitunter auch mit der Bezeichnung „Bernd Stoy Essen" interpretiert wird.

RWE gibt seinem Solarvordenker viele Freiheiten und auch einen ganz brauchbaren Etat. Stoy begleitet auch die Entwicklung eines Solarherds (siehe rechts) und nimmt 1981 auf dem Dach der RWE-Hauptverwaltung eine Photovoltaik-Testanlage mit drei Kilowatt in Betrieb. Unterschiedliche Zellen werden dabei ebenso getestet wie Konzepte der Einspeisung.

Stoys wichtigster Mitstreiter ist Ingo Wallner. Der ist bei RWE für das Konzernmarketing zuständig und im BSE Geschäftsführer. „Wir wollten dem Ausland zeigen, dass in Deutschland alle erneuerbaren Energien zu Hause sind", sagt Wallner später. Kritiker sagen: Das Ganze ist ein Werbegag.

Doch diese Sichtweise greift zu kurz. RWE betrachtet die Photovoltaik tatsächlich als eine Option, neue Geschäftsfelder zu erschließen. Passend dazu steigt der Konzern auch mit seiner Tochter Nukem 1979 in die Solarzellenfertigung ein. Der Solarstrom ist Teil einer Strategie, das Unternehmen zu diversifizieren. So übernimmt RWE in den 80er Jahren auch Tankstellen, ist mit Hochtief in der Baubranche aktiv und hält Anteile der Heidelberger Druckmaschinen.

Auch die Solarthermie passt aus Sicht von RWE zum Unternehmen. Denn weil sie stets im Paket mit einer Wärmepumpe konzipiert ist, fällt sie in die Kategorie

Attraktive Photovoltaik: Pressebild der Firma Siemens, um 1980

# Bratwurst auch nach Sonnenuntergang

Ein Solarherd mit Wärmespeicher sorgt für Aufsehen, in Serie geht er jedoch nie

*Hoher Besuch: Richard von Weizsäcker auf der Hannover Messe 1990, rechts neben ihm im Gespräch Bernd Stoy*

Auch nach Sonnenuntergang lässt sich mit Sonnenwärme noch kochen. Mitte der 80er Jahre entwickeln Erich Pöhlmann, ein Tüftler aus Kulmbach in Oberfranken, und Bernd Stoy, Solarexperte bei RWE, einen Solarherd mit Wärmespeicher.

Dieser nutzt Röhrenkollektoren, in denen bei Sonne Wasser verdampft, das seine Wärme an einen Speicher aus Magnesit abgibt. Magnesit ist ein Mineral, das über eine sehr hohe Wärmekapazität verfügt. Die Speichertemperatur könne 250 Grad Celsius erreichen, heißt es in einschlägigen Prospekten jener Zeit.

Stoy muss als RWE-Mitarbeiter allerdings zuerst seinen Arbeitgeber fragen, ob dieser die Rechte an der Erfindung über eine seiner Konzerntöchter verwerten will. Als RWE darauf verzichtet, können andere Firmen einsteigen. Unter anderem AEG sowie Wilhelm & Sander bauen anschließend einzelne Exemplare für Tests und Vorführungen auf Messen. „Wir hatten Lizenzverträge mit acht namhaften Unternehmen und Patente in 22 Ländern", erzählt Stoy später.

International werden die Geräte getestet. Karlheinz Böhm von der Stiftung Menschen für Menschen setzt sie in Äthiopien ein, die katholische Kirche in einer afrikanischen Dorfgemeinschaft. Vor allem dort, wo Brennholz knapp ist, bietet sich das solare Kochen an.

Doch in Afrika, sagt Stoy, werden die Räder des Herds von Dieben abmontiert, weil Räder dort kostbar sind. Auch die Röhrenkollektoren gehen nach einiger Zeit zu Bruch. Deshalb konzentriert sich die Firma Wilhelm & Sander bald auf Anwendungen in netzfernen Ferienhäusern Südeuropas.

Auf der Hannover Messe im Jahr 1990 bekommt Bundespräsident Richard von Weizsäcker am Stand des Bundesverbandes Solarenergie ein solar gebratenes Würstchen überreicht, das er trotz Intervention seines Leibwächters annimmt. Er erklärt: „In diesem Fall kann ich nicht Nein sagen."

Der Preis verhindert am Ende den Durchbruch. Wegen der enormen Materialkosten und des teuren Transports aufgrund des hohen Gewichts liegt der Verkaufspreis bei 2000 Mark pro Gerät. Stoy bilanziert später: „Wir hatten ein technisch hochwertiges und gebrauchstüchtiges Gerät erfunden, doch gerade weil es so hochwertig war, fand es nie einen Markt."

*Solarofen, Modell Wilhelm & Sander*

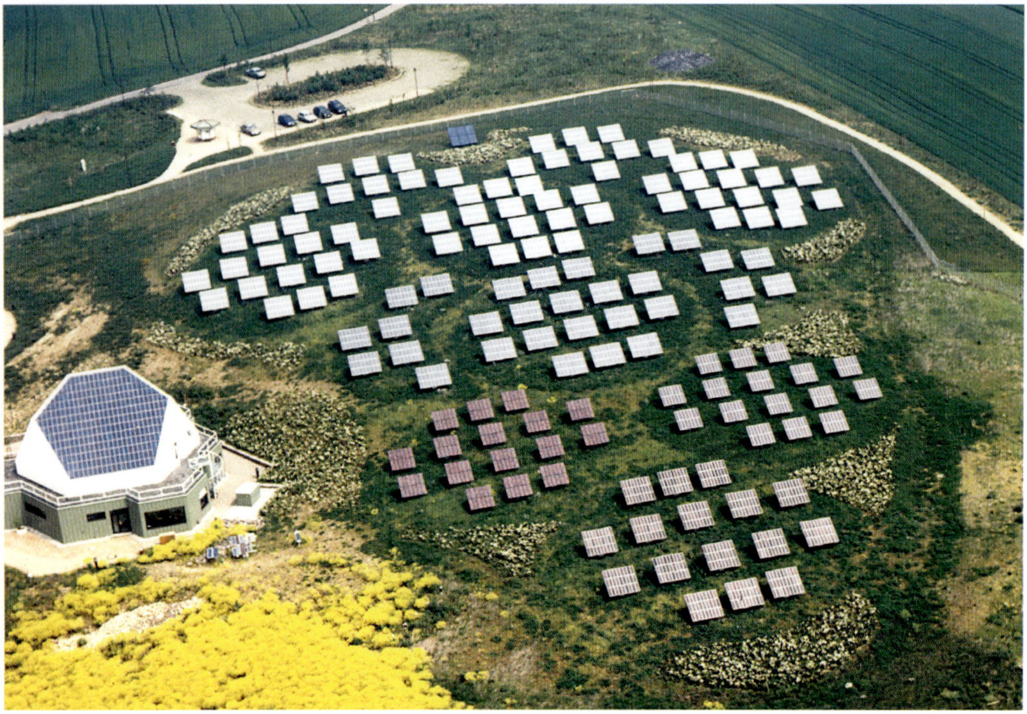

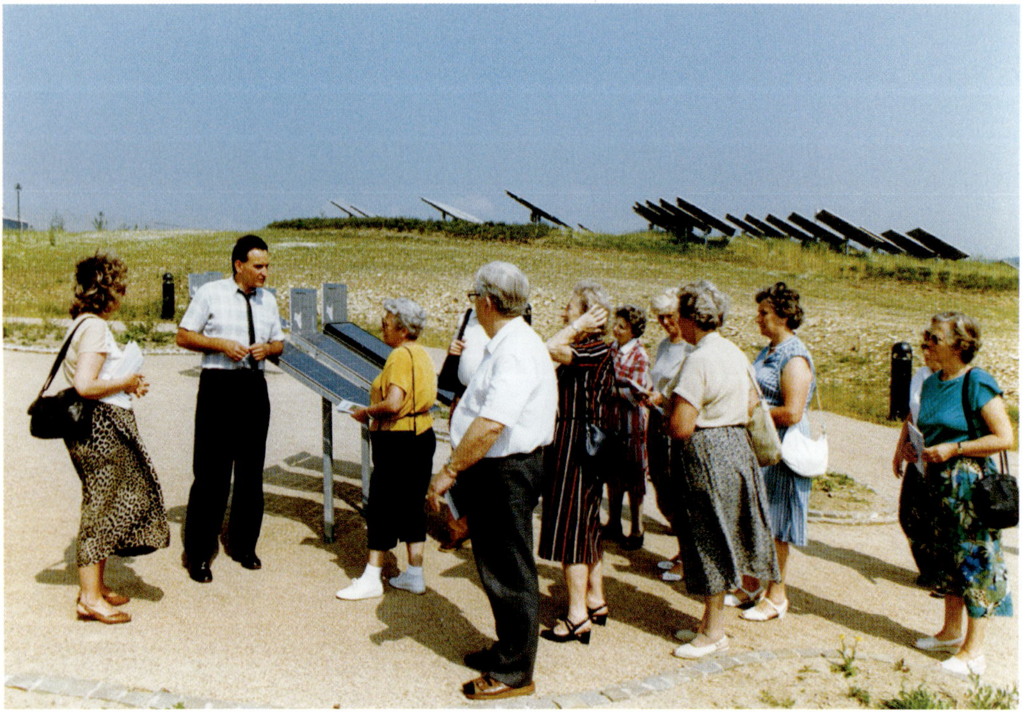

Absatzsteigerung für Strom. Ganz entsprechend Stoys Devise: „Immer weniger Strom pro Anwendung, aber immer mehr Anwendungen mit Strom." RWE setzt darauf, dass der weit verbreitete Ölkessel im Keller durch Solarkollektor und Wärmepumpe ersetzt wird.

Im Jahr 1997 holt Udo Möhrstedt von der Firma IBC Solar aus dem bayerischen Staffelstein den BSE nach München. Um ihn, wie er sagt, „den Klauen von RWE zu entreißen". So wird der BSE zu einer Vorgängerinstitution des Bundesverbandes Solarwirtschaft.

## Solartechnik aus dem Atomdorf

Hanau ist das Zentrum der deutschen Atomwirtschaft. Im Stadtteil Wolfgang steht das „Atomdorf" mit den Firmen Nukem, Alkem, Transnuklear und der Reaktor-Brennelement-Union. Unweit von Hanau entfernt, knapp hinter der Grenze nach Bayern, steht das älteste Atomkraftwerk Deutschlands, das Versuchskraftwerk Kahl. Es geht im Jahr 1960 in Betrieb, im gleichen Jahr wird die Nukem gegründet. Sie fertigt Brennelemente für Hochtemperaturreaktoren und gehört zu 45 Prozent RWE.

Werner H. Bloss, Leiter des Instituts für Physikalische Elektronik (IPE) an der Universität Stuttgart, hat unterdessen eine Dünnschichtsolarzelle aus Kupfersulfid und Cadmiumsulfid fast zur Produktionsreife gebracht. Da Nukem in der Beschichtungstechnik stark ist, greift sie nun auch die Photovoltaik auf. Physiker Winfried Hoffmann baut in der Firma eine Solarabteilung auf, rund ein Dutzend Leute stark. So entsteht in Hanau-Wolfgang im Atomdorf eine Pilotfertigung für Dünnschichtmodule. Diese erreichen einen Wirkungsgrad von sechs Prozent.

Doch Nukem ist weltweit der einzige Hersteller, der auf diese Technik setzt. Als Pläne scheitern, mit dem Technologiekonzern MBB ein Gemeinschaftsunternehmen zu gründen – MBB unterhält in Ottobrunn eine Entwicklungsabteilung für amorphe Dünnschichtsiliziumzellen –, wird das Dünnschichtprojekt von Nukem begraben.

Kurz darauf kann das Unternehmen jedoch ein Forschungsprojekt des Bundes an Land ziehen und setzt nun auf kristallines Silizium. In Alzenau, unweit von Hanau, aber jenseits der hessischen Landesgrenze in Bayern, baut Nukem eine Pilotfertigung auf. Die Fabrik ist auf ein Megawatt jährlich – pro Arbeitsschicht bemessen – ausgelegt. RWE legt damit die technische Grundlage für seine späteren Photovoltaikgroßprojekte Neurather See und Kobern-Gondorf.

Neben der AEG-Telefunken, die aus der Weltraumforschung kommt, sowie dem RWE-Nukem-Komplex, steigt als Dritter auch Siemens stark in den Markt der Solarzellen ein. Hubert Aulich, bislang im Konzern für optische Nachrichtentechnik zuständig, baut in München

Monokristalline Zelle von Siemens

←

Sechs Modultypen aus vier Ländern: Großanlage von RWE in Kobern-Gondorf mit Konferenzzentrum

← 

Besuchergruppen willkommen: RWE nutzt Kobern-Gondorf für die Öffentlichkeitsarbeit

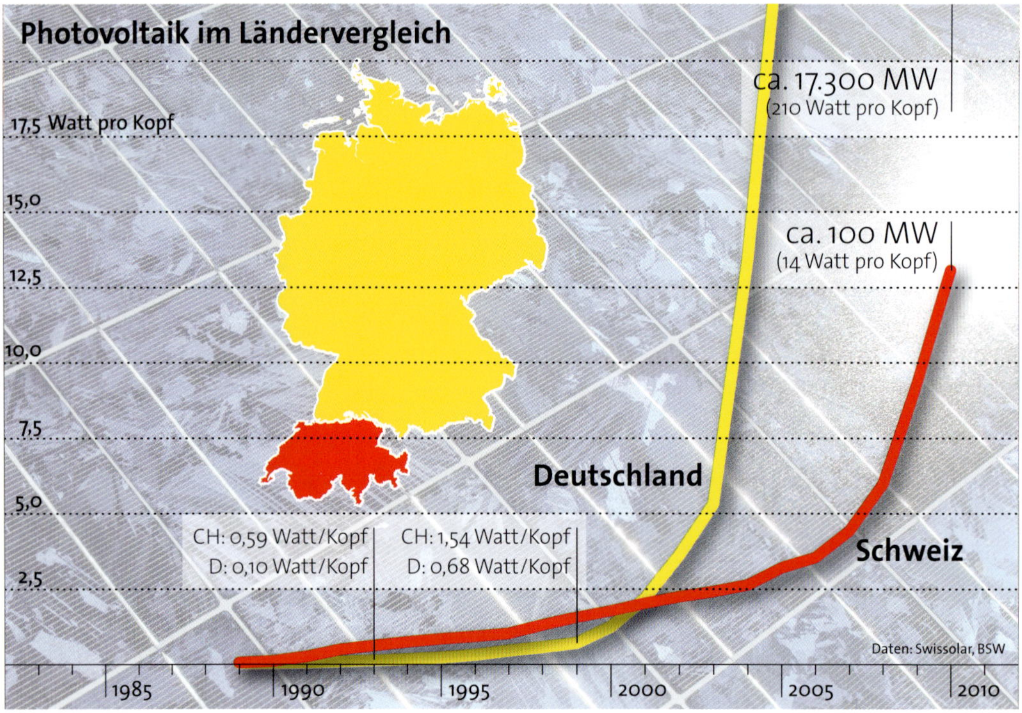

## Photovoltaik im Ländervergleich

ca. 17.300 MW
(210 Watt pro Kopf)

17,5 Watt pro Kopf

15,0

ca. 100 MW
(14 Watt pro Kopf)

12,5

10,0

7,5

5,0

Deutschland

CH: 0,59 Watt/Kopf    CH: 1,54 Watt/Kopf
D: 0,10 Watt/Kopf     D: 0,68 Watt/Kopf

Schweiz

2,5

Daten: Swissolar, BSW

1985    1990    1995    2000    2005    2010

in der Balanstraße in den frühen 80er Jahren eine Fertigung auf. Sie ist dem Unternehmensbereich Bauelemente angegliedert.

Siemens setzt allein auf monokristalline Zellen, für multikristalline Zellen kann sich der Konzern nicht erwärmen. Die Zellen sind 450 bis 500 Mikrometer dick, ihr Durchmesser liegt bei etwa 100 Millimetern. Die Silizium-Wafer kauft Siemens ein, das Diffundieren der nötigen Fremdatome und der Siebdruck sind Kernkompetenzen im Hause.

Lange Zeit prägen die runden Scheiben das Bild der Solarmodule. Der Weltmarkt der Photovoltaik liegt um diese Zeit bei wenigen 100 Kilowatt jährlich. Einzig denkbarer Einsatzbereich ist für viele die ländliche Elektrifizierung.

## Die Suche nach 333 Kraftwerksbesitzern

In der Schweiz hat unterdessen im Jahr 1982 Solarpionier Markus Real dem Institut für Reaktorforschung den Rücken gekehrt. Er gründet die Alpha Real AG mit dem Ziel, Photovoltaik und Windkraft weiterzuentwickeln. Das gelingt ihm so gut, dass er im Februar 1986 die erste Solarstromanlage auf einem Schweizer Privathaus ans Netz bringt.

Doch Real will Masse schaffen. Und so lanciert der Ingenieur im Sommer 1986 sein Megawatt-Projekt, das ihn in der internationalen Solarszene bekanntmacht. Sein Slogan: „Alpha Real sucht 333 Kraftwerksbesitzer." Er sucht Menschen, die bereit sind, 41 000 Schweizer Franken für eine Drei-Kilowatt-Anlage auszugeben. Die Module kommen aus Japan von Kyocera, die Wechselrichter baut Alpha Real selbst.

Der Unternehmer findet diese Menschen tatsächlich. Er bringt die Anlagen unters Volk, ohne auch nur einen einzigen Schweizer Franken für Werbung auszugeben. Eine Pressekonferenz – und die Sache läuft. Die Zeitungsartikel sind Werbung genug.

Masse schaffen:
Flugblatt von 1986

Einige Elektrizitätswerke in der kleinteilig organisierten Stromwirtschaft der Schweiz zeigen sich pragmatisch und kulant, sie bieten den Anlagenbetreibern einen Stromzähler ohne Rücklaufsperre an. Fließt Strom ins Netz, reduziert sich damit die Stromrechnung. Wirtschaftlich sind die Anlagen damit trotzdem noch lange nicht. Aber die Betreiber erhalten immerhin eine kleine Anerkennung.

## Solarwasserstoff aus Neunburg vorm Wald

←
Vorne hui, hinten pfui:
Solaranlage am Neurather
See bei Grevenbroich
vor Kohlekraftwerken

Die Einspeisung von Solarstrom ist nur eine der Optionen in dieser Zeit – die Erzeugung von Wasserstoff ist die andere. In Bayern schreibt man sich, wie nirgends sonst, diese Vision auf die Fahnen. Vor allem

Vordenker des Solarwasserstoffs: Ludwig Bölkow

■ →

Von Bayernwerk bis Siemens alle dabei: Wasserstoffprojekt in Neunburg vorm Wald

■ →

Solare Mobilität scheint möglich: Wasserstofftankstelle in Neunburg vorm Wald

Ausgaben vom 9. Juni 1986 (links) und 17. August 1987

Ludwig Bölkow steht für diese Idee. Er kommt, wie viele Solarpioniere, aus der Luftfahrt und gründet im Jahr 1983 in Ottobrunn die Ludwig-Bölkow-Stiftung, deren Ziel die Förderung ökologischer Technik ist. Bölkow blickt weit in die Zukunft, er philosophiert und ist frei von den kleinen Problemen der Alltagsforschung. Und er ist ein eloquenter Redner. So wird er das prägende Gesicht der Solarwasserstoffidee.

Fachlich eng verbunden ist ihm Carl-Jochen Winter. Der Ingenieur war einst Leiter des Projekts Gasultrazentrifugen für die Urananreicherung bei Dornier, also auch einer, der mit Atomtechnik anfing. Er leitet von 1976 bis 1991 den Forschungsbereich Energetik der Deutschen Forschungs- und Versuchsanstalt für Luft- und Raumfahrt in Stuttgart. Auch er setzt auf Solarwasserstoff als Energiequelle des kommenden Jahrhunderts. *Der Spiegel* bezeichnet Carl-Jochen Winter und seinen Mitarbeiter Joachim Nitsch im Jahr 1987 als „die klügsten Anwälte, die Sonne und Wasserstoff im Lande haben“. Zugleich erklärt das Magazin deren Buch „Wasserstoff als Energieträger“ zur „Bibel des neuen Zeitalters“.

Greifbar werden soll die Vision in Neunburg vorm Wald. Das Bayernwerk (heute ein Teil von Eon), sowie die Unternehmen BMW, Linde, MBB und Siemens schließen sich 1986 zur Solar-Wasserstoff-Bayern GmbH (SWB) zusammen – ein Beispiel dafür, wie deutsche Technologiefirmen in den 80er Jahren die Sonne im Blick haben. Sie errichten 1987 in der Oberpfalz eine Photovoltaikanlage mit 370 Kilowatt Leistung.

Der Strom dient der Wasserstofferzeugung. Zwei Elektrolyseure stellen Wasserstoff her, eine Brennstoffzelle erzeugt bei Bedarf daraus wieder Strom und koppelt Wärme aus mit einer Temperatur von 165 Grad Celsius. Das universelle Speichermedium scheint geboren.

Auch eine Wasserstofftankstelle gibt es. Ein BMW 735i mit Wasserstoff-Verbrennungsmotor kann binnen vier Minuten mit flüssigem Wasserstoff von minus 250 Grad Celsius betankt werden. Eine Tankfüllung von 140 Litern reicht für 400 Kilometer.

64 Millionen Mark werden in Neunburg verbaut. Am Ende jedoch muss die Projektgesellschaft bilanzieren, dass „solar erzeugter Wasserstoff im Vergleich mit herkömmlichen Energiesystemen noch sehr teuer und damit weit davon entfernt ist, wirtschaftlich zu sein“.

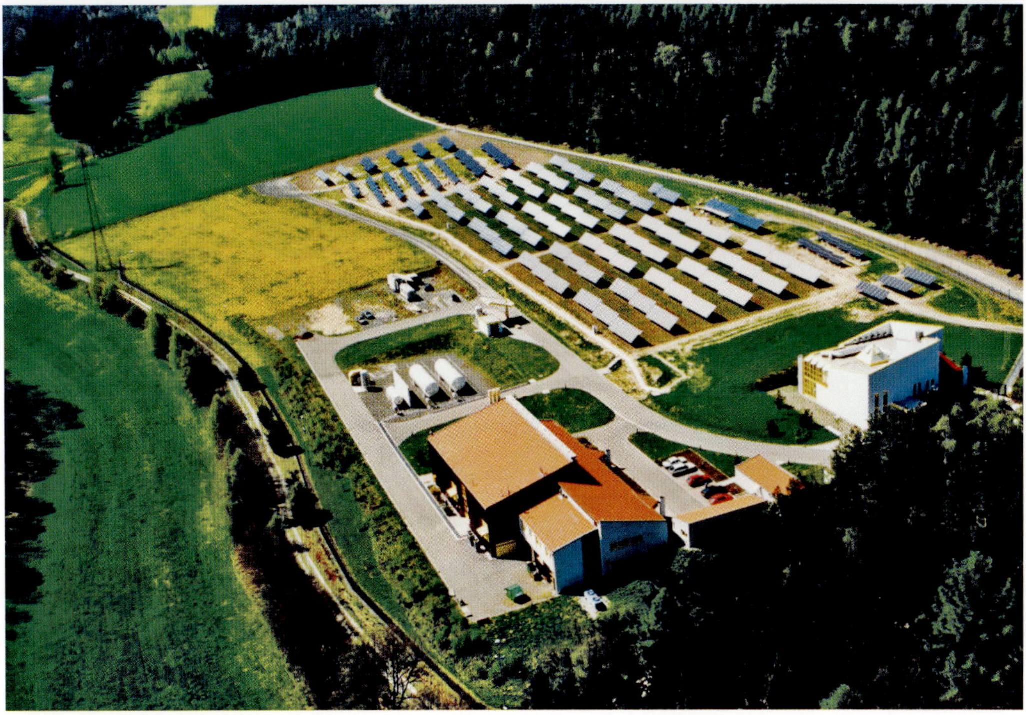

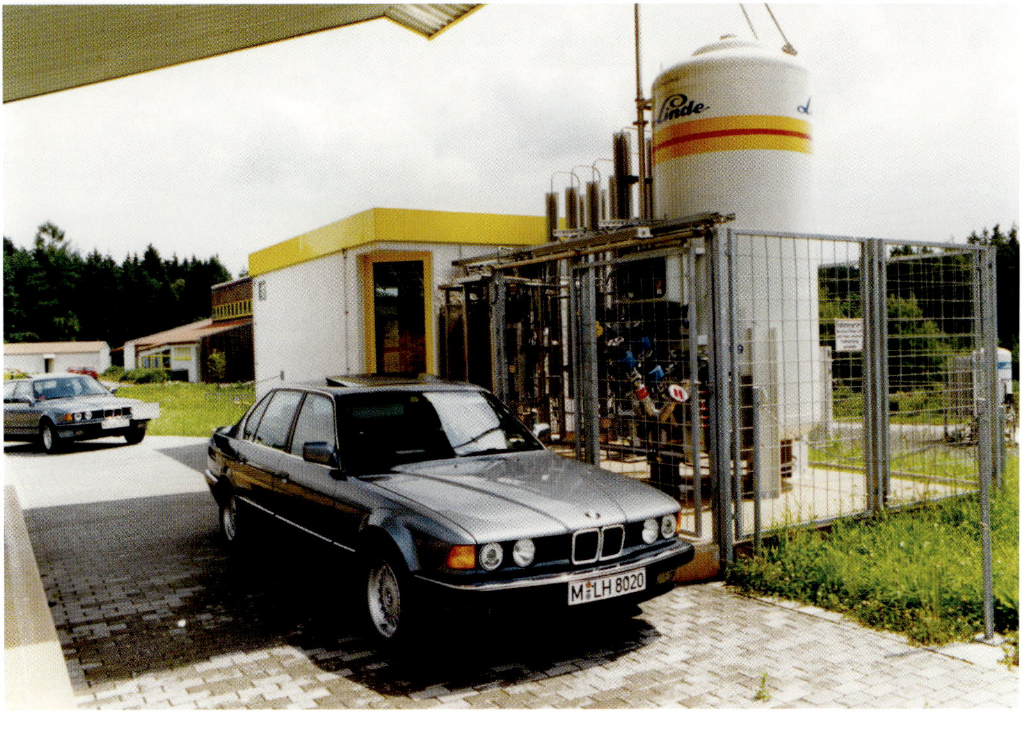
Linde
M LH 8020

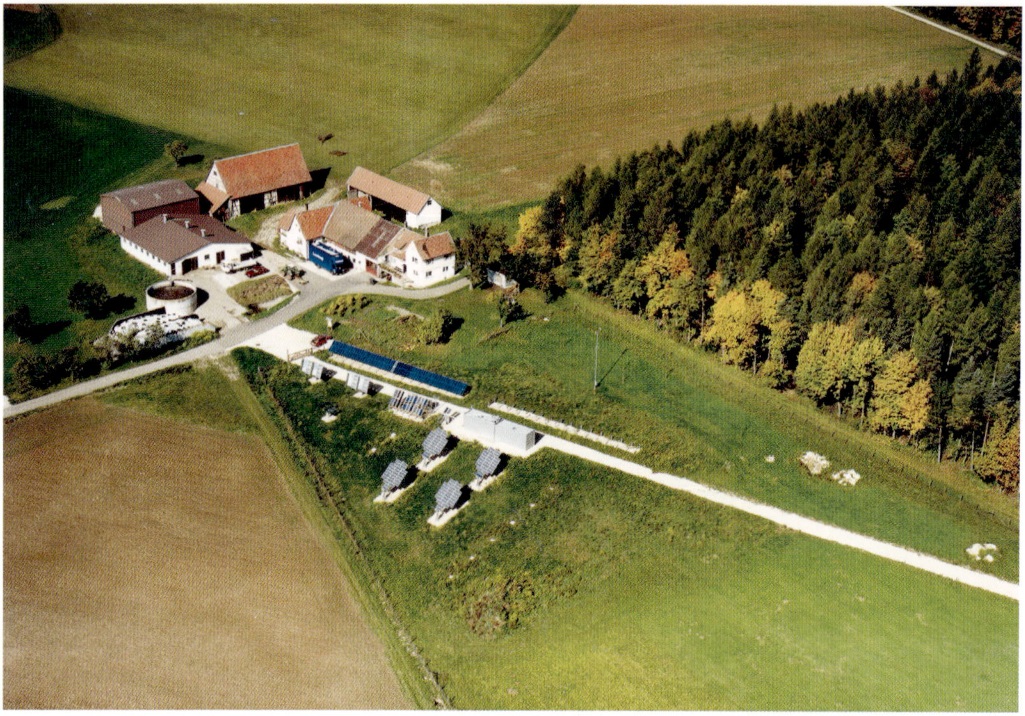

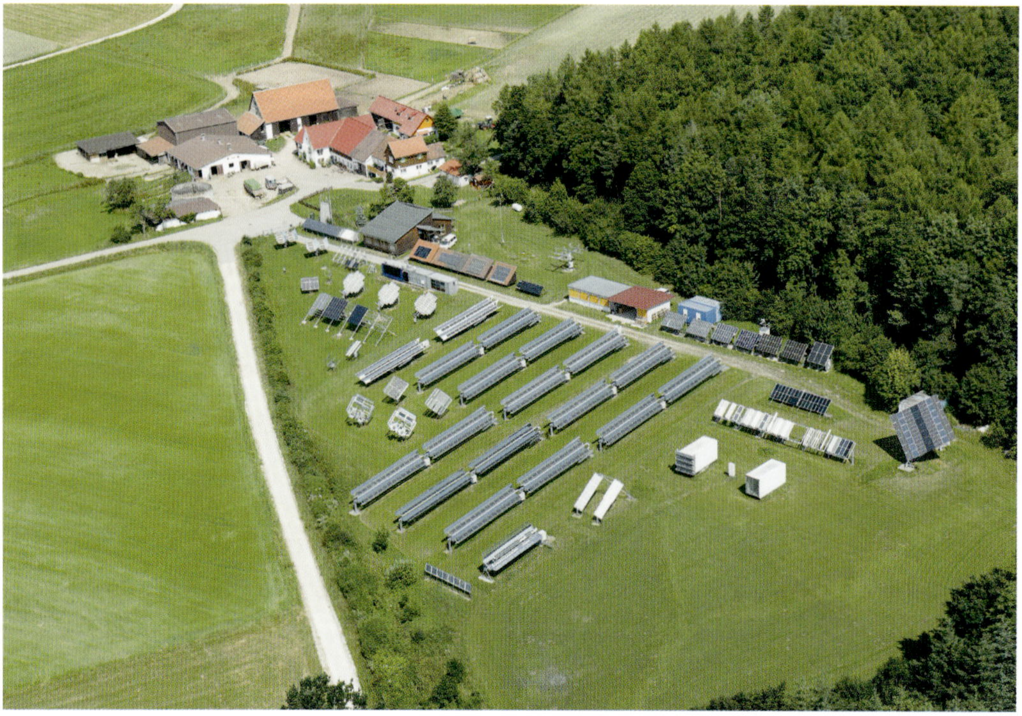

## Von Kobern-Gondorf bis zum Mont Soleil

Einfacher ist zweifellos die Netzeinspeisung des Solarstroms. RWE setzt auf weitere Großprojekte. Im Oktober 1988 nimmt das Unternehmen im Landkreis Mayen-Koblenz in Rheinland-Pfalz die nunmehr größte Solarstromanlage Europas in Betrieb – mit 340 Kilowatt ist das Projekt Kobern-Gondorf noch etwas größer als jenes auf Pellworm. Auch ein Info-und-Konferenz-Zentrum auf dem Gelände gehört dazu. RWE testet hier sechs verschiedene Typen von Modulen aus vier Ländern – Frankreich, die USA, Japan und Deutschland. Es ist ein 13-Millionen-Mark-Projekt.

Eine weitere Anlage baut RWE 1991 am Neurather See in Grevenbroich. Sie ist mit 360 Kilowatt erneut einen Tick größer als alle anderen. Und im Jahr darauf folgt in der Schweiz auf dem Mont Soleil im Berner Jura eine Anlage mit 500 Kilowatt. Weil man die Superlative liebt, ist dies natürlich abermals die größte in Europa. Bauherren sind die Elektrowatt AG und die Bernische Kraftwerke AG.

So dominiert in dieser Zeit der Praxistest das Geschehen in der Photovoltaik. Auch die einschlägigen Institute bleiben nicht außen vor: Im Weiler Widderstall bei Merklingen auf der Schwäbischen Alb beginnt das Institut für Physikalische Elektronik (IPE) der Universität Stuttgart Mitte der 80er Jahre mit dem Aufbau eines Testfeldes. In Baucontainern wird die Mess- und Gerätetechnik untergebracht, in einem ehemaligen Schweinestall ein kleines Labor. Bald wird das Testfeld eines der größten in Europa. Im Juli 2009 kommt außerdem ein Teststand zur beschleunigten Alterung von Modulen hinzu, inzwischen wird der Standort vom Zentrum für Sonnenenergie- und Wasserstoff-Forschung Baden-Württemberg (ZSW) in Stuttgart betrieben.

## Schwerer Start auf den Privathäusern

Während die Großanlagen von der Energiewirtschaft als werbeträchtige Symbole einer modernen Energiepolitik gefeiert werden, kommt der Solarstrom auf den privaten Dächern nur langsam voran. Zumal die Stromversorger von der Netzeinspeisung zumeist gar nichts halten: Sie fürchten um ihren Stromabsatz.

Falk Auer, Ingenieur in Langenselbold in der Nähe von Hanau, installiert seine Anlage im Jahr 1986, er nutzt AEG-Module, in Dachziegel integriert. Mit 1,6 Kilowatt ist sie die größte Anlage in Hessen, die viertgrößte bundesweit – hinter Pellworm, dem Solarhaus Richter in München und einer Forschungsanlage an der Universität Oldenburg.

Auer will einen Netzanschluss legen, doch er kapituliert vor der Macht des örtlichen Netzbetreibers: Dieser verlangt eine Netzsynchronisiereinrichtung für 7000 Mark. Das ist Auer zu viel, er bleibt beim Inselbetrieb und stellt sich Bleigel-Batterien in den Keller.

Netzanschluss unerwünscht: Photovoltaikanlage in Langenselbold, 1986

Über den Dächern von Essen: Photovoltaik-Teststand auf RWE-Hauptgebäude

← ▬
Bescheidene Anfänge: Testfeld Widderstall im Jahr 1990

← ▬
Eines der größten Testfelder Europas: Widderstall im Jahr 2008

Einspeisung anfangs verboten:
Ökostation in Freiburg

Der Vorfall ist keine Ausnahme, viele Netzbetreiber wählen in dieser Zeit solche Wege der Schikane, andere verbieten den Anschluss von Photovoltaik sogar. Als Solarpionier und Wyhl-Gegner Werner Mildebrath aus Sasbach in den frühen 80er Jahren einige Solarmodule der Firma Arco auf sein Dach schraubt, kann auch er damit nur Akkus aufladen. „Die Netzeinspeisung war noch verboten", sagt er später. Das gilt nach wie vor 1986, als Mildebrath auf die Ökostation des BUND im Freiburger Seepark eine Anlage baut. Sie ist mit einem Kilowatt zu diesem Zeitpunkt die größte in Süddeutschland.

## Hessische Hausierer mit „Netzentlastungsgerät"

Es gibt einige Menschen, die über das Thema Netzeinspeisung nachdenken. Anfang 1988 stehen bei der Firma Wagner & Co in Cölbe zwei junge Männer vor der Tür. Sie sind, wie man sich dort später erinnert, „schon auf den ersten Blick der alternativen studentischen Szene zuzuordnen".

Die beiden präsentieren der Firma ein „Netzentlastungsgerät". Mit diesem könne man den Solarstrom in netzkompatiblen Wechselstrom wandeln und über eine Steckdose direkt ins Netz einspeisen, erklären sie. Damit laufe der Stromzähler langsamer oder gar rückwärts.

Peter Jacobs, Mitbegründer der Firma Wagner, ist skeptisch. Denn die Kilowattstunde, die diese Module liefern, kostet mehr als fünf Mark. Strom aus dem Netz kostet nur 20 Pfennig. Wer sollte so ein unrentables Gerät kaufen? Doch dann muss Jacobs an einen seiner Kunden denken. Der ist überzeugter Atomstromgegner und hat sich auf seinem Balkon mit Solarmodul, Laderegler und Akkus eine autarke Stromversorgung aufgebaut. Die Akkus jedoch sind empfindlich, ihre Lebensdauer ist begrenzt. Vor diesem Hintergrund scheint die Idee, den erzeugten Strom im öffentlichen Netz zu parken, um ihn bei Bedarf zurückzuholen, dann doch irgendwie vernünftig.

Also kauft die Firma Wagner zwei dieser „Netzentlastungsgeräte" für zwei Kunden, deren Solaranlagen im April 1988 installiert werden. Die Einspeisung erfolgt dann aber doch nicht über die Steckdose, die Firma legt lieber einen ordentlichen Anschluss. In Österreich unterdessen bleibt die direkte Einspeisung in die Steckdose populär (siehe Seite 48).

Bis die Netzeinspeisung zur Normalität wird, soll es allerdings noch dauern. Noch im Juni 1989 ist eine netzgekoppelte Solaranlage dem Nachrichtenmagazin *Der Spiegel* eine Geschichte wert. Über den Berliner Reimar Krause schreibt das Magazin: „Erstmals gestattete der kommunale Monopolbetrieb einem Privathaushalt, selbst erzeugten Strom gegen angemessene Bezahlung ins öffentliche Netz einzuspeisen – womöglich ein energiepolitischer Durchbruch."

Den wirklichen Durchbruch bringt erst das Stromeinspeisungsgesetz (siehe Seite 95). Es tritt Anfang 1991 in Kraft.

„Solarenergie und Wasserstoff, das hieße also Friede zwischen Nord und Süd. Es hieße vor allem: Friede zwischen den Menschen und der Mutter Erde, denn die Natur wird nicht weiter global zerstört und vergiftet. Es hieße auch Friede im deutschen Lande, weil Solarenergie weder Polizei noch Staatsschützer braucht. Friede auch zwischen den Generationen, uns und denen, die in hundert Jahren nach uns kommen."

*„Der Spiegel",*
*17. August 1987*

# Türme, Rinnen, Parabolspiegel

Nirgends auf der Welt dreht sich so viel um solarthermische Kraftwerke wie in Spanien

Die Plataforma Solar de Almería (PSA) in Andalusien ist das größte europäische und in seiner Vielfalt auch weltweit führende Testzentrum für konzentrierende Hochtemperatur-Solartechnik. Das Projekt ist ein Kind der

*Auf Linie fokussiert: Parabolrinnenkraftwerk*

Ölkrise, initiiert von der Internationalen Energie-Agentur. Spanien stellte das Gelände zur Verfügung, Belgien, Deutschland, Griechenland, Italien, Österreich, die Schweiz, Schweden und die USA beteiligen sich an der Forschung. Die Leitung übernimmt die Deutsche Forschungs- und Versuchsanstalt für Luft- und Raumfahrt (DFVLR) – das heutige Deutsche Zentrum für Luft- und Raumfahrt (DLR).

Seit 1980 werden auf dem mehr als 100 Hektar großen Gelände verschiedene Hochtemperatur-Solartechnologien getestet und optimiert. Es gibt unter anderem zwei Solartürme, 83 und 43 Meter hoch. Zu ihren Füßen stehen 300 beziehungsweise 92 Heliostaten, das sind jeweils 40 Quadratmeter große bewegliche Spiegel, die das Sonnenlicht auf die Spitze des Turms konzentrieren. Dort nimmt ein Absorber die Energie auf und erzeugt Dampf. Die thermische Leistung beträgt jeweils 2,7 Megawatt.

Außerdem gibt es mehrere Parabolrinnen-Testfelder. Die gekrümmten Spiegel fokussieren das Licht auf eine Linie, wo die Energie von einem Wärmeträger aufgenommen werden

kann. Des Weiteren stehen hier Dish-Stirling-Kraftwerke, das sind Parabolspiegel, in deren Brennpunkt ein Stirlingmotor die Wärme in Bewegung umsetzt.

Unweit entfernt, in der spanischen Provinz Granada, entsteht unterdessen das Projekt Andasol, ein Komplex aus drei Parabolrinnenkraftwerken. Jedes erreicht eine Leistung von 50 Megawatt und benötigt eine Fläche von zwei Quadratkilometern. Die Anlagen wurden von der Solar Millennium AG aus Erlangen initiiert und entwickelt, finanziert mit Forschungsmitteln und dem Geld deutscher Unternehmen und Fondsanleger. Andasol 1 nahm Mitte 2009 als größtes Solarkraftwerk der Welt den Regelbetrieb auf, Andasol 2 befindet sich im Testbetrieb, und Andasol 3 ist seit September 2009 in Bau. Der Wirkungsgrad dieser Technik liegt mit etwa 15 Prozent jedoch inzwischen nicht mehr höher als jener der Photovoltaik.

*Stirling-Motor im Brennpunkt: Solar-Dish-System*

Die Parabolrinnentechnik hat zudem einen Nachteil, der im Sonnengürtel der Erde eklatant sein kann: Anlagen vom Typ Andasol benötigen für jede erzeugte Kilowattstunde Strom vier bis fünf Liter Kühlwasser. Eine Alternative sind Trockenkühler, die den Dampfkreislauf statt mit Wasser vor allem durch große Ventilatoren kühlen – was aber auf Kosten des Wirkungsgrades geht.

Stromversorger werden nervös:
netzautarke Wandergaststätte
Rappenecker Hof am
Schauinsland bei Freiburg

# Die Wolke schiebt
# die Sonne an

| | JAHR | KAPITEL |
|---|---|---|
| | **1986** | **05** |

Nach dem Atomunfall in Tschernobyl gibt es mehr Geld für die
Solarforschung – einige Bundesländer gründen Solarinstitute

Umdenken durch Atom-Gau:
Reaktor in Tschernobyl

Weltreisender in Sachen solar:
Hellmut Glubrecht

**D**ie Strahlenwolke ist angekommen. Es ist der 30. April 1986, ein trüber Mittwochmorgen. Gegen acht Uhr dokumentiert das Umweltbundesamt auf dem Schauinsland im Schwarzwald erstmals Radionuklide, die eindeutig aus Tschernobyl stammen. Auch an anderen Messstationen in Deutschland schlagen an diesem Tag die Instrumente aus.

Seit zwei Tagen war mit dem Eintreffen der Strahlenwolke zu rechnen. Schon am Montag hatten die Skandinavier Alarm geschlagen wegen ungewöhnlicher Strahlung in der Luft. Der Sowjetstaat, ansonsten von Geheimhaltung geprägt, hatte daraufhin einen Atomunfall in der Ukraine eingestehen müssen: Am Samstag ist unweit von Kiew um 1.23 Uhr Ortszeit ein Atomreaktor außer Kontrolle geraten.

Weltweit beginnt mit diesem 26. April 1986 eine neue Ära der Energiewirtschaft: In Politik und Gesellschaft erwacht wieder das Interesse an den erneuerbaren Energien, das mit zunehmendem Abstand zur zweiten Ölkrise von 1979/80 deutlich erlahmt war.

Und so gibt es auch mehr Geld für die Forschung. Minister Heinz Riesenhuber stockt den Jahresetat für die Erforschung der erneuerbaren Energien von zuvor 100 Millionen Mark nach dem Tschernobyl-Gau sofort auf 150, dann auf 300 Millionen auf. Das ist zwar noch immer wenig im Vergleich zu den Summen, die in die Atomforschung gehen, aber für diesen Moment ist es beachtlich.

Das bereitgestellte Geld muss nun unter die Forscher gebracht werden, und so geben sich am Fraunhofer ISE in Freiburg bald die Politiker die Klinke in die Hand. Man erlebt ungewöhnliche Szenen: Die Freiburger haben bereits vor dem Unfall in Tschernobyl beim Forschungsministerium ein Projekt zur transparenten Wärmedämmung (TWD) beantragt, das Schreiben liegt noch zur Bearbeitung in Bonn. Kaum ist die Strahlenwolke in Deutschland angekommen, fragt das Ministerium plötzlich an, ob die Solarforscher nicht noch mehr Geld gebrauchen könnten. Am Ende fließen 17 Millionen Mark ans ISE zur Erforschung der TWD. So schiebt die Wolke die Sonne an.

Zugleich erklärt Bundespräsident Richard von Weizsäcker die Erforschung und Erschließung der Sonnenenergie zur wichtigsten Aufgabe, der sich die besten Köpfe in Wissenschaft und Industrie anzunehmen hätten. Er beflügelt damit die ohnehin im Land laufenden Bemühungen, weitere Solarforschungsinstitute zu gründen. Denn schon vor Tschernobyl haben weitsichtige Wissenschaftler – geprägt von der Ökologiebewegung der frühen 80er Jahre – sich für entsprechende Einrichtungen starkgemacht.

Hellmut Glubrecht ist einer von ihnen. Er ist Professor an der Universität Hannover, und er setzt sich privat für die Belange der Friedensbewegung ein. Auch er kommt vonseiten der Atomkraft: Von 1973 bis 1977 war er in Wien als stellvertretender Generaldirektor der Internationalen Atomenergie-Organisation tätig und konnte dort viel Erfahrung mit der technischen und politischen Bewertung von Energiequellen sammeln. Sein Fazit inzwischen: Atomenergie führt in die Sackgasse.

# Kühlturm als Ideengeber

## Wie ein Ingenieur zum Aufwindkraftwerk kommt – und noch heute einen Standort sucht

Der Anstoß kommt ausgerechnet aus der Atomwirtschaft. Kraftwerksplaner fragen Anfang der 70er Jahre bei Jörg Schlaich an, ob er große Kühltürme für geplante Atommeiler am Rhein bauen könne. Es sollen Trockenkühltürme sein, denn man weiß, dass das Flusswasser für die Kühlung der vielen geplanten Reaktoren nicht reichen würde.

Schließlich gibt es um diese Zeit Pläne, Deutschland mit 600 Atomkraftwerken zu überziehen.

Schlaich ist Bauingenieur in Stuttgart. Durch den Entwurf des Daches des Münchner Olympiastadions hat er sich einen Namen als Experte für Großbauten gemacht. Das ist eine gute Referenz, und so konzipiert er nun den Kühlturm des Hochtemperaturreaktors in Hamm-Uentrop, den höchsten Trockenkühlturm der Welt. Die Seilnetzkonstruktion ist 180 Meter hoch.

*Unglückliches Pilotprojekt: Solarturm in Manzanares*

Bei dem Projekt kommt der Ingenieur ins Grübeln: Kann es richtig sein, den Auftrieb der Luft im Kühlturm zu nutzen, um Energie zu vernichten? Sollte man ihn nicht vielmehr verwenden, um Energie zu gewinnen? Schlaich kommt die Idee vom Aufwindkraftwerk. Und die lässt ihn fortan nicht mehr los.

Nach einem Termin im Forschungsministerium Ende 1979 hat der Schwabe eine Förderzusage in Höhe von 3,5 Millionen Mark in der Tasche – für eine Machbarkeitsstudie. Doch so viel Geld für Papier auszugeben ist Schlaichs Sache nicht. Über Freunde in Spanien besorgt er sich in Manzanares ein Grundstück, auf dem er in den Jahren 1980 bis 1982 ein Aufwindkraftwerk baut. Zwischenzeitlich hat das Bundesforschungsministerium die Förderung auf 16 Millionen Mark aufgestockt.

Das Kraftwerk besteht aus einem Glasfeld mit 240 Metern Durchmesser. Bei Sonnenschein erwärmt sich die Luft darunter, um dann – wie in einem Kamin – über einen 200 Meter hohen Turm abzuziehen. Dabei treibt sie eine Turbine mit 50 Kilowatt Nennleistung an – nicht viel, aber genug, um zu zeigen, dass dieses Prinzip funktioniert.

Seither hofft der Ingenieur auf die Chance, irgendwo in heißen Klimaten ein Aufwindkraftwerk mit 1000-Meter-Turm errichten zu können. 30 bis 50 Megawatt könnte es leisten. Es sei ideal für trockene Regionen, sagt Schlaich – denn anders als zum Beispiel solare Rinnenkraftwerke kommt die Technik ohne Wasser aus. Andererseits taugt sie nur für Regionen, in denen genug Flächen vorhanden sind, denn nur etwa ein Prozent der Sonnenstrahlung wird in Strom umgewandelt.

Schlaich hat kein Glück, ein geplantes Projekt in Australien kommt nicht zustande. Die Schwierigkeiten haben auch damit zu tun, dass der Turm in Manzanares im Frühjahr 1989 im Sturm umfällt – ein Ereignis, das Kritiker dem Konstrukteur immer wieder vorhalten. „Dabei war der Turm nie auf den dauerhaften Betrieb ausgelegt", sagt Schlaich. Der Entwickler hatte es nach Abschluss der Versuchsphase einfach nicht übers Herz gebracht, das Bauwerk abzureißen. Heute weiß er: Es wäre besser gewesen.

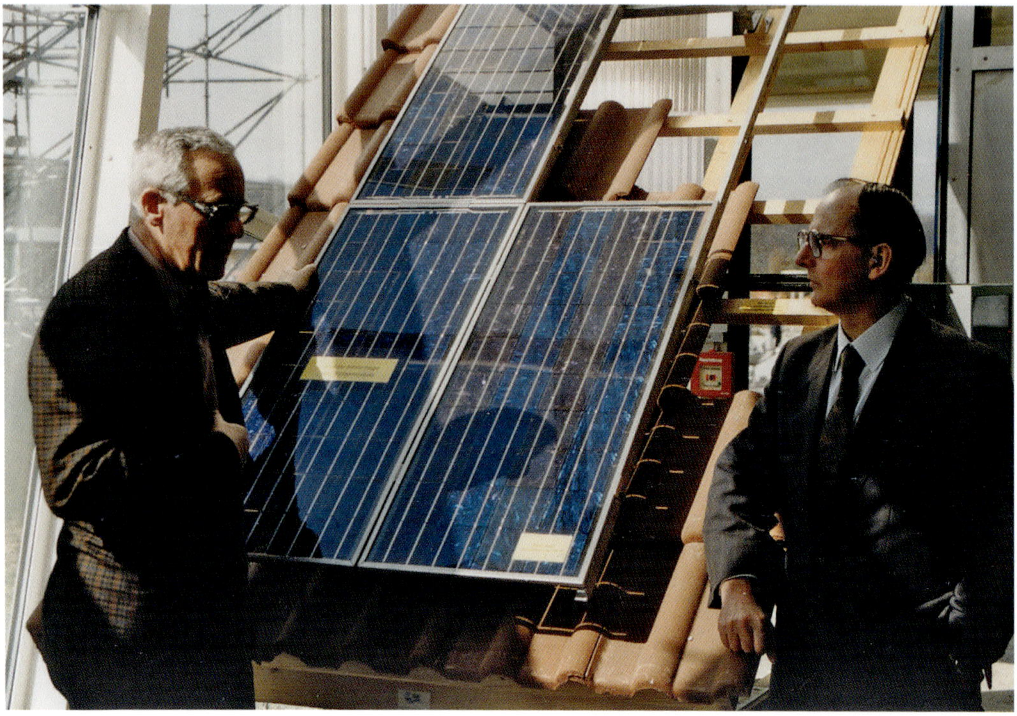

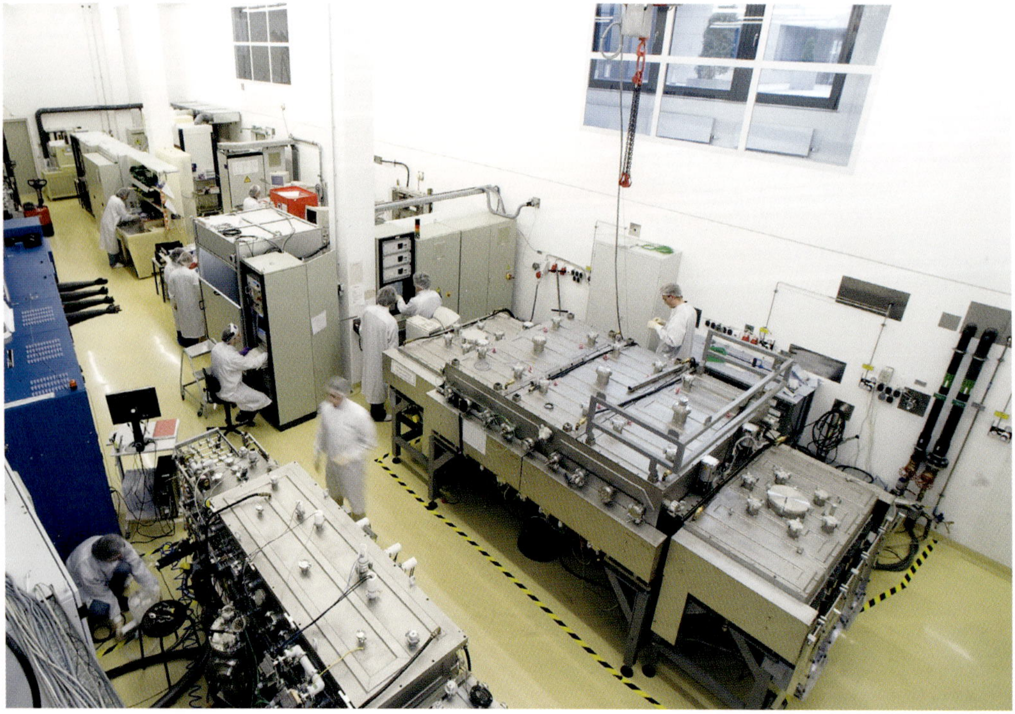

Glubrecht ist im Laufe seines Berufslebens zu einem Kämpfer für die Sonne geworden. Nach seiner Emeritierung geht er im Jahr 1985 auf Weltreise, um sich über Solarenergie zu informieren. Als im Jahr darauf die Wolke aus Tschernobyl Deutschland überzieht, kann er viel über die Energie von der Sonne erzählen. Er trifft den niedersächsischen Ministerpräsidenten Ernst Albrecht und sagt zu ihm: „Weinen Sie der Atomkraft keine Träne nach, setzen Sie auf die Sonne."

„Das Schöne an
der Sonnenenergie ist
ihre Friedlichkeit.
Dünn, intermittierend
und friedlich."
*„Der Spiegel",*
*17. August 1987*

Glubrecht schlägt ihm die Gründung eines Solarinstitutes vor. Weil Albrecht den Professor aus Hannover sehr schätzt, zögert er nicht lange und geht das Thema an. Mehr als 40 Standortgemeinden bewerben sich anschließend um die Einrichtung, den Zuschlag erhält die Gemeinde Emmerthal. Das ist jener Ort, auf dessen Gemarkung auch das Atomkraftwerk Grohnde steht. An Zufall mag man bei der Entscheidung nicht glauben.

1987 wird das Institut gegründet. Es trägt den Namen Institut für Solarenergieforschung GmbH Hameln/Emmerthal (ISFH) und wird anfangs getragen von privaten Gesellschaftern – von Professor Glubrecht selbst, von dem Club-of-Rome-Gründer Eduard Pestel und von der Zuckerfabrik Emmerthal. Erst später übernimmt das Land Niedersachsen das Institut.

Ministerpräsident Albrecht hat den Leiter des Instituts für Physikalische Elektronik (IPE) der Universität Stuttgart Werner H. Bloss als Berater hinzugezogen. Bloss ist in der Solartechnik profiliert, Albrecht will ihn später auch auf den Chefposten berufen, doch in Baden-Württemberg will man Bloss nicht gehen lassen. Fürs erste Jahr übernimmt nun Professor Glubrecht die Leitung.

In Baden-Württemberg bringt der niedersächsische Versuch, Professor Bloss abzuwerben, einiges in Bewegung. Bloss ist mit Ministerpräsident Lothar Späth gut bekannt – weshalb dieser sofort eine Abwehrstrategie entwickelt. Er weiß, dass er Bloss etwas bieten muss, um den renommierten Forscher im Ländle zu halten. Am Ende steht im März 1988 die Gründung des Zentrums für Sonnenenergie- und Wasserstoff-Forschung (ZSW) in Stuttgart und Ulm.

Wenige Wochen vor der Gründung des ZSW präsentiert auch Hessen eine einschlägige Forschungseinrichtung: Im Februar 1988 wird das Institut für Solare Energieversorgungstechnik (ISET) in Kassel aus der Taufe gehoben, heute ein Teil des Fraunhofer-Instituts für Windenergie und Energiesystemtechnik (IWES). Das ISET war allerdings schon vor Tschernobyl geplant.

Gründer Werner Kleinkauf kommt, wie viele Solarforscher dieser Zeit, aus der Raumfahrt. In Stuttgart am Raumfahrtzentrum war unter seiner Leitung Mitte der 70er Jahre das Kapitel „Nutzung solarer Strahlungsenergie" geschrieben worden als Teil der wegweisenden Energiestudie von Forschungsminister Hans Matthöfer.

So wird auf Länderebene die deutsche Solarforschung aufgebaut. Als Klaus Töpfer im Mai 1987 Bundesumweltminister wird, bringt er

Kommt aus der Raumfahrt:
Werner Kleinkauf
(links, mit Hermann Scheer)

← ▪
Die Väter des Zentrums für
Sonnenenergie- und
Wasserstoff-Forschung (ZSW)
im Jahr 1988: Gründer
Werner H. Bloss (links) und
Hans Albrecht, von 1992
bis 1999 geschäftsführendes
Vorstandsmitglied

← ▪
Spitzenforschung:
im Reinraum des ZSW

79

Strom abseits des Netzes:
Tölzer Hütte

■→

Sauberer als ein Diesel-
generator: Photovoltaikanlage
auf der Magdeburger Hütte

die Idee einer Großforschungseinrichtung für erneuerbare Energien auf. Schließlich gibt es solche für die Atomenergie unter anderem in Karlsruhe und Jülich.

Doch Forschungsminister Riesenhuber ist dagegen. Denn in den bestehenden Großforschungszentren Jülich und Karlsruhe, aber auch beim Raumfahrtzentrum in Köln-Porz und Stuttgart sowie am Hahn-Meitner-Institut (HMI) in Berlin hat die Solarforschung längst Einzug gehalten.

Um dennoch die Solarforschung zu stärken, setzen die Institute auf einen Dachverband und gründen im Oktober 1990 in der Frankfurter Oper den ForschungsVerbund Sonnenenergie (FVS). Dieser hat unter anderem das Ziel, die Kontakte der Solarforschung zu den wenigen Herstellerfirmen zu stärken. Bald öffnet sich der FVS auch für andere erneuerbare Energien und wird Anfang 2009 umbenannt zum Forschungs-Verbund Erneuerbare Energien (FVEE). Er hat nunmehr elf Mitglieder.

## Netzautarke Photovoltaik: Geheimhaltung ratsam

Auch die EU-Kommission hat nach dem Tschernobyl-Desaster Geld zu vergeben. Sie hat dem Fraunhofer ISE Mittel bewilligt, um die erste netzautarke Solarstromanlage mit Wechselstromnetz aufzubauen. Ideal wäre nun ein Haus fernab des Netzes, das noch keinen Stromanschluss hat.

Außerhalb von Stuttgart gibt es ein solches Objekt, drei Kilometer von allen Stromkabeln entfernt. Seit Kriegsende schon kämpft der Eigentümer um einen Anschluss, doch bislang vergebens: Der Stromversorger, die Energie-Versorgung Schwaben (EVS), verlangt für das Kabel einen horrenden Preis. Ein ideales Projekt also für das ISE.

Doch als die EVS von den Plänen erfährt, ist das Haus für die Solarforscher verloren. Denn umgehend bietet der Stromkonzern dem Hausbesitzer die Leitung für ein Drittel des bisherigen Preises an – und der Eigentümer entscheidet sich für den Netzanschluss. Jürgen Schmid, damals Forscher am ISE, erinnert sich später: „Die Stromversorger waren sehr nervös." Denn sie hatten Angst, die solare Versorgung der Häuser könnte Schule machen.

Die ISE-Forscher wissen nun, dass sie ihr neues Projekt geheim halten müssen: Es ist der Rappenecker Hof, eine Wandergaststätte am Schauinsland im Schwarzwald in 1000 Meter Höhe. Seine Geschichte reicht ins 17. Jahrhundert zurück, Strom gibt es hier nur aus dem Dieselgenerator.

Im Sommer 1987 wird der Hof zur ersten solar versorgten Gaststätte Europas: Aufs Dach kommen 40 Quadratmeter Solarzellen, eine Batterie speichert Überschussstrom für trübe Tage. Der Dieselgenerator bleibt nur die Notversorgung. Rund 140 000 Mark kostet das ganze System, ein Netzanschluss hätte 380 000 Mark gekostet.

Auch die Energiebilanz des Hofes kann sich sehen lassen: Beachtliche 70 Prozent des Strombedarfs deckt die 3,8-Kilowatt-Solaranlage in den ersten zehn Betriebsjahren, 15 Prozent steuert ein kleines Windrad bei. Den fossilen Energien bleibt die Rolle des Lückenbüßers.

Die positiven Erfahrungen mit dem Rappenecker Hof animieren das Fraunhofer ISE im Jahre 1992 zu einem zweiten Projekt dieser Art: Am Schluchsee wird die netzferne Wandergaststätte Unterkrummenhof ebenfalls mit einer Photovoltaikanlage ausgestattet. Auch hier ist die Sonnenenergie billiger als der Netzanschluss. Und 30 weitere Folgeprojekte, darunter zahlreiche Alpenhütten, folgen in den nächsten zehn Jahren.

Billiger als ein Netzanschluss: am Unterkrummenhof im Schwarzwald

## Boom in Staffelstein, Scheitern in Wackersdorf

Pilotprojekte prägen die Zeit, beim typischen Haushalt kommt die Photovoltaik unterdessen noch nicht an. „Die Photovoltaik versteht keiner, sie ist erklärungsbedürftig", sagt Udo Möhrstedt. Er lädt daher im April 1986 zu einem Symposium auf Kloster Banz nach Staffelstein in Bayern. Dort will er solarversorgte Kleingeräte publik machen. Doch es kommen nur 72 Teilnehmer, darunter die 30 Referenten. Hat er das falsche Thema?

Nur wenige Tage nach der Veranstaltung passiert der Unfall in Tschernobyl. Und plötzlich erwacht das Interesse: Im nächsten Jahr kommen schon 120 Gäste nach Staffelstein, und von Jahr zu Jahr werden es mehr. Nach der Jahrtausendwende sind es mitunter mehr als 1000 Teilnehmer, die zu den Photovoltaik- und Solarthermie-Symposien in Staffelstein anreisen, die vom Ostbayerischen Technologie-Transfer-Institut (OTTI) veranstaltet werden.

Auch Möhrstedt hat zuvor mit Atomphysik zu tun. Er studiert Physik, schreibt dann seine Diplomarbeit bei Varta in Hannover; sein Thema sind Radionuklidbatterien. Anfang 1982 macht er sich selbstständig mit der International Battery Consulting (IBC), erstellt Studien für Varta und denkt – ausgelöst durch die zweite Ölkrise – darüber nach, wie man die erneuerbaren Energien voranbringen kann – in Kleingeräten abseits des Netzes.

Nach Tschernobyl beginnt er, sich Gedanken über die Netzanbindung der Photovoltaik zu machen. In den Jahren 1988/89 baut er Wechselrichter auf Thyristorbasis: insgesamt 85 Stück. Er führt Solarmodule von Kyocera in Deutschland ein, um einen Vertrieb aufzubauen, denn mit den heimischen Herstellern Siemens und AEG kommt er nicht ins Geschäft. „Die saßen auf hohem Ross – die hatten kein Interesse", sagt er später. IBC Solar wird in den kommenden Jahren zu einem der großen deutschen Systemanbieter.

Die deutschen Hersteller tun sich unterdessen sehr schwer, die Photovoltaik als interessanten Markt zu erkennen. Als im Mai 1989 in

Heute ein Klassiker: Solarseminare in Staffelstein

# Solares Urmeter in den Schweizer Bergen

Wer Sonnenenergie messen will, braucht geeichte Instrumente – regelmäßige Treffen in Davos

Solarer Messmarathon: Seit 1959 kommen im schweizerischen Davos im Turnus von fünf Jahren Forscher aus aller Welt zusammen, um während einer dreiwöchigen Veranstaltung – genannt International Pyrheliometer Comparisons (IPC) – ihre Solarmessgeräte zu eichen. Zur jüngsten Veranstaltung im September 2010 reisten mehr als 70 Teilnehmer aus 40 Nationen an.

Die Strahlungsmessung in Davos hat einen medizinischen Ursprung, denn die physiologische Wirkung der Höhenstrahlung beschäftigt die Menschen in den Bergen von jeher. Professor Carl Dorno, der im Jahr 1904 mit seiner tuberkulosekranken Tochter nach Davos kommt, gründet dort im Jahr 1907 das Physikalisch-Meteorologische Observatorium. Er untersucht vor allem Licht und Luft des Hochgebirges und wird damit zum Begründer der Strahlungsklimatologie. Die mittlere UV-Strahlung (UV-B) wird heute mitunter auch Dorno-Strahlung genannt.

Im Jahr 1971 befördert die Weltorganisation für Meteorologie das Observatorium Davos zum Weltstrahlungszentrum (World Radiation Center, WRC). Aus umfangreichen

*Kollektiver Blick zum Himmel: Forscher eichen ihre Messgeräte in den Schweizer Bergen*

Vergleichen von Strahlungsmessgeräten verschiedenster Herkunft definiert das Zentrum im Jahr 1981 die World Radiometric Reference. Nach dieser werden inzwischen weltweit die Solarmessgeräte – sogenannte Absolutradiometer – kalibriert. Die Referenzwerte aus Davos sind seither für die Messung der Solarenergie so bedeutend wie das Urmeter in Paris für die Längenmessung.

*Unterschiedlichste Konstruktionen: Solarmessgeräte aus aller Welt beim Treffen im September 2010*

Wackersdorf der Bau der Wiederaufarbeitungsanlage (WAA) nach heftigen Bürgerprotesten eingestellt wird, kursiert schnell die Idee, den Standort für eine Solarfabrik zu nutzen: Der Anschluss an Bahn und Straße ist gegeben, die Versorgung mit Energie ebenso. Es gibt Arbeitskräfte – und zu allem ist noch eine staatliche Förderung als grenznaher Standort denkbar.

Siemens wäre für das Projekt prädestiniert, denn der Unternehmensbereich Kraftwerk Union hat schon viel Geld in den Bau der WAA gesteckt. „Siemens könnte zu günstigen Konditionen Nachfolger der Deutschen Gesellschaft für Wiederaufarbeitung von Kernbrennstoffen als Bauherr und Besitzer des WAA-Geländes werden", spekuliert *Der Spiegel*. Doch der Konzern hat kein Interesse: „Im Moment ist die Sonne kein Thema für große Investitionen", sagt ein Firmensprecher. Und so beschränkt sich Siemens weiterhin auf ein Pilotprojekt zur Produktion von Solarzellen in München.

Wenig später prüft Siemens dann doch den Bau der weltweit größten Produktionsanlage mit einem Ausstoß von 30 Megawatt pro Jahr am Standort Wackersdorf. Ein Konsortium, an dem außerdem das Bayernwerk mit 49 Prozent beteiligt ist, rechnet mit Investitionen von 200 Millionen Mark. Produktionsbeginn soll 1994 sein, aber es kommt nicht dazu. 1993 lässt Siemens das Projekt fallen, denn die Nachfrage nach Photovoltaik ist enttäuschend gering. Weltweit werden in diesem Jahr gerade Solarzellen mit einer Gesamtleistung von 52 Megawatt hergestellt.

Mehr Vertrauen in die Solartechnik hat unterdessen die Firma MBB. Sie startet 1988 eine Kooperation mit dem Ölmulti Total. Das Gemeinschaftsunternehmen Phototronics Solartechnik GmbH (PST) baut in Putzbrunn eine Fabrik für amorphe Siliziumzellen, die 1991 ihren Betrieb aufnimmt. Sie wird ab 1994 unter dem Dach der RWE-Tochter Angewandte Solartechnik GmbH (ASE) betrieben.

Protest nur teilweise erfolgreich: WAA scheitert, die Solarfabrik aber auch

## Verstrahlte Haselnüsse und ein Simmel-Werk

Nicht nur in der Photovoltaik, auch in der Solarthermie hinterlässt die Strahlenwolke aus Tschernobyl ihre Spuren. Das zeigt kein Beispiel besser als die Entwicklung von Alfred Ritter. Der Mitinhaber der gleichnamigen Schokoladenfabrik im schwäbischen Waldenbuch hat im Frühsommer 1986 plötzlich Probleme, unverstrahlte Nüsse einzukaufen. „Das hat bei mir viele Denkprozesse ausgelöst", sagt er später. Der Unfall von Tschernobyl habe ihm „deutlich gemacht, dass wir unsere Energie künftig anders gewinnen müssen".

Zugleich macht er eine persönliche Erfahrung mit seinem Haus in Heidelberg. Dessen Heizung steht gerade zur Sanierung an. Ärgerlicherweise jedoch gibt es in der Umgebung kein Unternehmen, das in der

Denkprozess nach Tschernobyl: Alfred Ritter

Lage ist, eine umweltgerechte Heizung mit Sonnenkollektoren zu liefern und zu installieren. Ritter versucht sich vergeblich als Heimwerker.

Für einen Mann Mitte 30, im Unternehmermilieu groß geworden, kann das nur eines bedeuten: Es gibt eine Marktlücke, und die will geschlossen sein. Also gründet er im Jahr 1988 ein entsprechendes Unternehmen für solare und effiziente Heiztechnik. Es bekommt den Namen Paradigma.

Zugleich verspüren auch kreative Erfinder, die in der Ölkrise und im Kampf gegen die Atomkraft schon einiges auf die Beine gestellt haben, die Zeitenwende durch die Tschernobyl-Katastrophe. Am deutlichsten wird das bei Jürgen Kleinwächter aus Lörrach.

Seine Firma heißt inzwischen Bomin Solar. Der Name kommt von der Bochumer Mineralöl-Gesellschaft (Bomin), dem größten privaten Ölunternehmen Europas. Bomin ist im Jahr 1980 bei Kleinwächter eingestiegen, sie suchte offenkundig anderweitig Standbeine. Die Firma hat hervorragende Kontakte in arabische Länder und will dort künftig auch Solartechnik verkaufen. Da ist Kleinwächter die richtige Adresse. Allerdings wird die Mutterfirma 1983 abgewickelt, der Name der Lörracher Tochter aber bleibt.

Kleinwächter, der zeitweise 45 Mitarbeiter beschäftigt, entwickelt ein pfiffiges Gerät: Ein Spiegel bündelt das Sonnenlicht und erhitzt damit Magnesiumhydrid. Bei 450 Grad Celsius setzt dieses Wasserstoff frei, der separat gespeichert wird. Gleichzeitig kann man mit einem Teil der Wärme kochen und außerdem über einen Stirling-Motor mit Generator auch Strom erzeugen. Nachts strömt der Wasserstoff zurück und lagert sich wieder ans Magnesium an – und erzeugt dabei erneut Hochtemperaturwärme, die direkt oder zur Stromerzeugung genutzt werden kann. Es ist ein Solarkraftwerk, das auch nachts läuft, von einem „solaren Brüter" spricht Kleinwächter.

Man schreibt das Jahr 1985, Tschernobyl ist noch ein unbekannter Ort in der Ukraine. Kleinwächter stellt einen Forschungsantrag mit dem Ziel, die Idee zur Marktreife zu führen. Das Forschungsministerium aber lehnt ab und erklärt, das Ganze könne nicht funktionieren.

1987 trifft Kleinwächter den SPD-Bundestagsabgeordneten Hermann Scheer. Der hat einen Plan: Er will eine Organisation gründen als Gegengewicht zur Europäischen Atomgemeinschaft Euratom, die es seit 1957 gibt. Für den 22. August 1988 lädt Scheer 60 Personen zu einer Gründungsversammlung ein, es kommen sogar 100. Sie sind größtenteils Solarwissenschaftler, einige sind Politiker. Scheer selbst wird Präsident der gemeinnützigen Vereinigung, die den Namen Eurosolar bekommt. Sie prägt später den Begriff „Solarzeitalter". Denn dort will sie hin.

Zur ersten Pressekonferenz von Eurosolar wird Jürgen Kleinwächter eingeladen. Es ist der 15. September 1988, Kleinwächter fährt nach Bonn und präsentiert dort dem Forschungsministerium und der Presse sein Solarkraftwerk, das rund um die Uhr Strom und Wärme erzeugen

Von ganzem Herzen
Erfinder: Jürgen Kleinwächter

„Der Umstieg auf die Energie aus dem All stürzt den Industriestaat Bundesrepublik auch mitnichten in ‚Massenarbeitslosigkeit' und ‚totale Verelendung', wie Bundeskanzler Helmut Kohl landauf, landab verbreitet."

*„Der Spiegel", 9. Juni 1986*

Neuer Forschungsbereich:
Briefmarke von 1981

kann. Es nutze „das Sonnenlicht besser als alle anderen bisher ausgedachten Systeme" weiß daraufhin *Der Spiegel* zu berichten. Andere Medien schreiben von einer „bahnbrechenden Erfindung". Und das Forschungsministerium, das drei Jahre zuvor einen Förderantrag über zwei Millionen Mark ablehnte, stellt nun fünf Millionen Mark bereit. Tschernobyl machts möglich.

Nebenbei wird Erfinder Kleinwächter zum Vorbild für die Belletristik: Unter dem Namen Wolf Loder taucht er im Roman „Im Frühling singt zum letzten Mal die Lerche" von Johannes Mario Simmel auf. Die Geschichte dahinter basiert auf einem Zufall: Hermann Scheer trifft Simmel eines Tages im Zug. Chemiker Simmel ist gegenüber Umweltthemen sehr aufgeschlossen, er spricht davon, er wolle die Solarenergie in einem seiner Werke behandeln, worauf Scheer den Kontakt zu Kleinwächter empfiehlt. Es kommt zu mehreren Begegnungen, am Ende liest Kleinwächter die Passagen über die Solarenergie gegen.

Immer eine Tasche gepackt: Jens Blochberger

## Solarenergie in der DDR: basteln mit „Klärchen"

Ortswechsel auf die andere Seite der deutsch-deutschen Grenze. In den 80er Jahren finden die Informationen über Solartechnik langsam den Weg in die DDR. Es ist Ende des Jahres 1985, als Jens Blochberger in Oberseifersdorf bei Zittau einige Prospekte aus dem Westen in die Hände bekommt. „Klärchen" nennt man hier im Osten die Sonne liebevoll.

Der Signaltechniker bestellt weitere Prospekte im Westen. Sie kommen sogar bei ihm an; Solartechnik gilt in der DDR offenbar nicht grundsätzlich als staatsgefährdend. Selbst in Hochschulen oder Ämtern des Ostens kann man in dieser Zeit bereits die westdeutsche Zeitschrift *Sonnenenergie & Wärmepumpe* entdecken. Nicht vielen Magazinen aus dem Westen ist solche Toleranz vergönnt.

Blochberger arbeitet die Unterlagen durch und macht sich auf die Suche nach Baustoffen, denn er möchte einen Solarkollektor für sein Haus bauen. Er nimmt Kontakt zum VEB Leichtmetallbau Dessau auf; die Rechtsform VEB, volkseigener Betrieb, ist in der DDR sehr verbreitet. Das Unternehmen produziert Absorber aus Aluminium für Kühlschränke. Diese wurden sogar schon für Solarkollektoren verwendet, erfährt Blochberger. Doch es war jeweils ein kurzes Vergnügen, Lochfraß ruinierte die Anlagen.

Also doch besser den VEB Rohrtechnik Delitzsch fragen? Das Unternehmen baut Filteranlagen für Großkraftwerke, es arbeitet mit verzinkten Blechen. Und weil in der Planwirtschaft der DDR jede Firma per Dekret auch in kleinem Stil Konsumgüter produzieren muss, verkauft diese Firma auch Kollektoren.

Doch Blochberger ist davon nicht angetan, er setzt lieber auf einfache Plattenheizkörper. Er kauft sich schwarze Schultafelfarbe – andere gibt es

▭ →
Erst Tschernobyl weckt das Interesse des Ministeriums: Kleinwächter in Bonn, 1988

▭ →
Einmalig in der DDR: netzgekoppelte Solarstromanlage in Oberseifersdorf

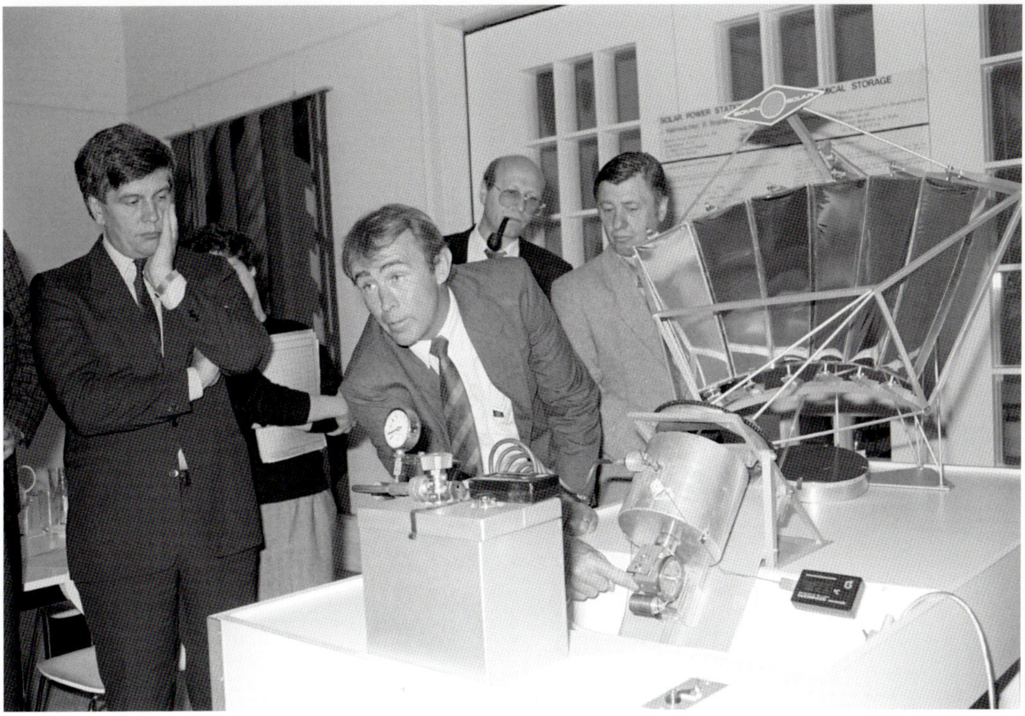

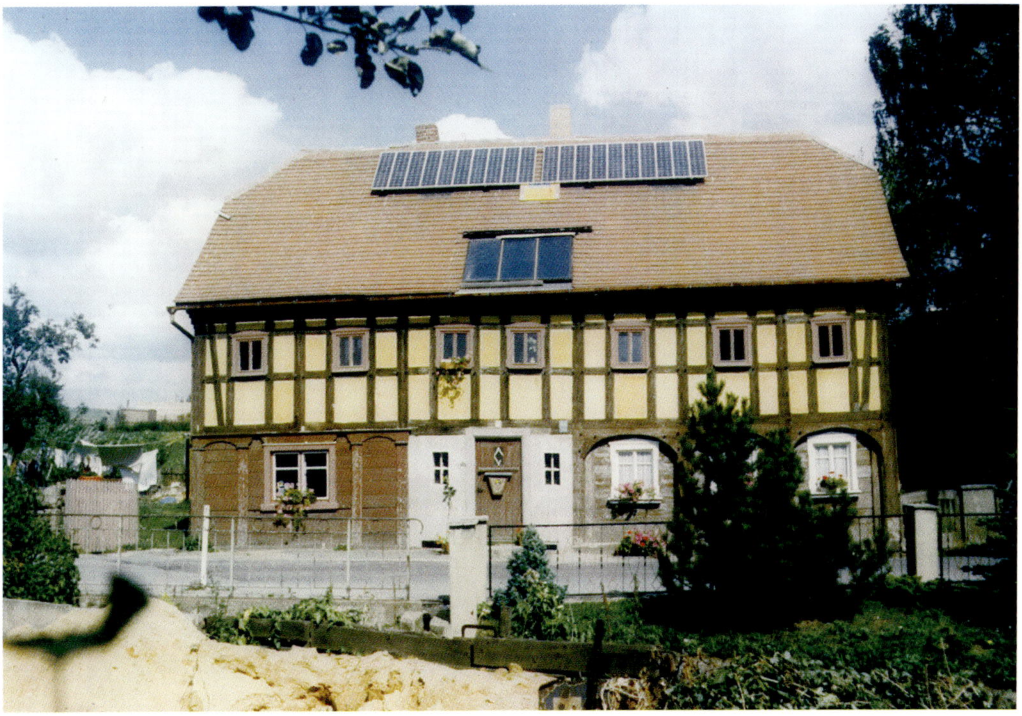

Druckfarbe ist knapp:
Logo der Interessengemeinschaft Solarenergie

nicht – und malt sie an. Dann baut er einen Metallkasten darum – mit Fensterglas und Dämmung aus Mineralwolle. Die Anlage kommt im Frühjahr 1986 aufs Dach, sie ist drei Quadratmeter groß. Der Heizungsbauer, den Blochberger zuvor kontaktierte, hat ihm gesagt, das funktioniere niemals. Er liegt falsch.

Blochberger gibt sein Wissen weiter. In Kirchenzeitungen publiziert er Tipps zum Bau einer Kollektoranlage, und er gründet mit Freunden im Jahr 1987 die Interessengemeinschaft Solarenergie. So lesen die Leute im Land von ihm in der Zeitung, sie reisen oft von weit her an, um ihn zu sprechen. Manche kündigen sich per Postkarte an, andere stehen am Wochenende plötzlich vor der Tür in Oberseifersdorf. Privates Telefon gibt es schließlich nicht. Blochberger bietet den Besuchern oft sein Gästezimmer an.

Bald hat seine Interessengemeinschaft Solarenergie 400 Mitglieder, denn auch im Osten findet die Solarenergie seit Tschernobyl immer mehr Beachtung. Der Versuch, Aufkleber zu drucken, führt den Solarfreund bis ins Kultusministerium. „Wir haben keine Farben, kein Papier", erklärt man ihm dort. Er findet dennoch eine unabhängige Druckerei, die ihm nach Feierabend behilflich ist.

Und dann bringt er sogar noch ein regelmäßiges Heft heraus. Es heißt *Warmes Wasser von der Sonne* und enthält Bauanleitungen. Doch ganz unkritisch ist sein Engagement bald nicht mehr: „Ich hatte immer eine Tasche gepackt", erzählt Blochberger später – für den Fall, dass die Polizei ihn abholen würde. Seine Frau ist informiert, was dann zu tun ist. Man hat Kontakt in den Westen, auch zum Deutschlandfunk.

Blochbergers Post wird natürlich gelesen. Denn dem Regime fällt es schwer, zu glauben, dass jemand nur die Solarenergie voranbringen will, ohne von dem Drang nach Revolution beseelt zu sein. Eines Tages kommt der Solarfreund zur Post, als ein Mitarbeiter gerade einen seiner Briefe liest: „Lesen Sie ruhig fertig, ich komme später wieder", sagt Blochberger gelassen. Denn er hat nichts zu verbergen und sagt immer wieder: „Ich will doch nur Sonnenenergie nutzen."

Anfang 1989 kündigt Blochberger seinen Job, um sich voll der Solarenergie zu widmen. Er plant die Gründung eines offiziellen Solarvereins für Februar 1990 – bisher war die Interessengemeinschaft nur ein loser Zusammenschluss. Zu diesem Zeitpunkt weiß noch niemand, dass Anfang 1990 die Welt schon eine andere sein wird: Im November 1989 fällt die Mauer. Also verzichten Blochberger und seine Kollegen auf die Gründung eines offiziellen Solarvereins, sie entscheiden sich stattdessen für einen Anschluss an Eurosolar – und gründen dessen DDR-Sektion am 5. Mai 1990.

Anfang September 1990 nimmt Blochberger sogar noch eine Photovoltaikanlage in Betrieb. Sie hat eine Leistung von 1,06 Kilowatt, der Wechselrichter kommt von der Firma Wuseltronik in Berlin. Sie ist die erste netzgekoppelte Photovoltaikanlage der DDR. Und sie bleibt die einzige – denn im Oktober 1990 ist die DDR Geschichte.

„Sekundärenergie":
Erneuerbare in der DDR

# Auf der Brennspur einer Glaskugel

## Das Bestreben der Menschen, den Sonnenschein zu messen, ist alt – die Verfahren sind vielfältig

Das Prinzip ist einfach und genial: Eine Glaskugel wirkt als Brennglas. Während die Sonne am Himmel wandert, schmort ihr Strahl eine Spur in ein skaliertes Spezialpapier, das auf diese Weise zwar löchrig wird, aber nicht in Flammen aufgeht. Wird nun der Streifen täglich gewechselt, so lässt sich anhand der Brennspur die Zahl der Sonnenstunden abzählen.

Im Jahr 1853 entwickelte der Schotte John Francis Campbell dieses Gerät, 1879 wurde es vom Iren Sir George Gabriel Stokes noch verändert. Lange Zeit hatte der Sonnenscheinautograph nach Campbell-Stokes für die Messung der Sonnenscheindauer normativen Charakter – trotz systematischer Schwächen; zum Beispiel reagiert das Gerät im Sommer viel empfindlicher als im Winter.

Heute werden zunehmend elektronische Sensoren eingesetzt. Laut internationaler Übereinkunft ist Sonnenschein inzwischen definiert durch eine direkte Strahlung von mindestens 120 Watt pro Quadratmeter. In Deutschland liegt die jährliche Sonnenscheindauer je nach Standort zwischen 1300 und 1900 Stunden.

Aussagekräftiger als die Zahl der Sonnenstunden ist die pro Quadratmeter eingestrahlte Sonnenenergie, Globalstrahlung genannt. Das meistverbreitete Gerät zur Messung dieser Grö-

ße heißt Pyranometer. Durch Temperaturunterschiede zwischen bestrahlten und verschatteten oder schwarzen und reflektierenden Flächen generiert das Instrument eine Spannung von einigen Millivolt. Diese ist zur Strahlungsflussdichte proportional und kann somit gut ausgewertet werden. Pyranometer werden in der Regel horizontal montiert und erfassen die gesamte einfallende Strahlung im Sichtfeld von 180 Grad, bezogen auf den Spektralbereich zwischen 300 und 2800 Nanometern.

Die jährliche Globalstrahlung in Deutschland liegt je nach Standort zwischen 900 und 1200 Kilowattstunden pro Quadratmeter, in Österreich werden lokal Werte über 1400 gemessen, in der Schweiz auch über 1500. In Südeuropa erreicht die Globalstrahlung Werte bis zu 2000 Kilowattstunden pro Quadratmeter, in der Sahara sogar bis zu 2500 Kilowattstunden.

*Faszinierend einfache Technik:*
*Sonnenscheinschreiber nach*
*Campbell-Stokes*

*Registrierstreifen*

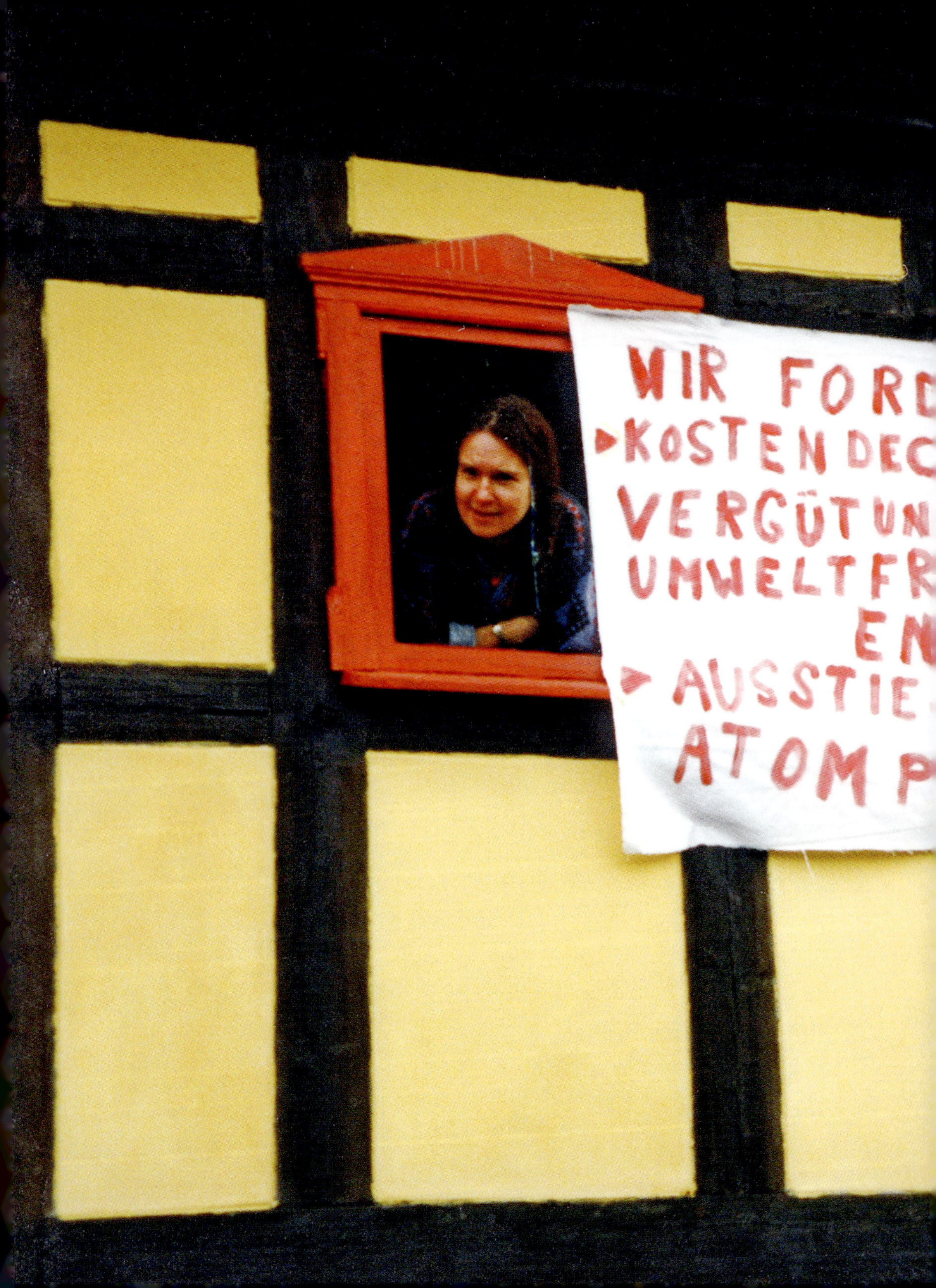
WIR FORD
KOSTENDEC
VERGÜTUN
UMWELTFR
EN
AUSSTIE
ATOM P

# Rentabler
# Sonnenstrom für alle

Der Kampf um die kostendeckende Vergütung. Ob in Aachen oder
Burgdorf, in Freising oder Hammelburg – eine Vision wird Wirklichkeit

„Atomkraft ist nicht
beherrschbar":
Wolf von Fabeck

**M**an kann die Atomkraft aus verschiedensten Gründen ablehnen. Einen speziellen Grund hatte der Aachener Wolf von Fabeck, wie er später sagt: „Ich ging davon aus, dass ein Land mit Kernkraftwerken nicht verteidigt werden könnte." Vielleicht liegt dieser Gedanke sogar recht nahe, wenn man einst Offizier bei der Bundeswehr war.

In jenem Sommer 1986, die Strahlenwolke aus Tschernobyl ist gerade abgezogen, sucht deshalb auch von Fabeck nach Alternativen zur Atomkraft. „Das Waldsterben hat mir gezeigt, dass die fossilen Energien gefährlich sind, Tschernobyl hat mir demonstriert, dass die Atomenergie nicht beherrschbar ist", sagt er. Und so kauft er sich ein Solarmodul – „um zu zeigen, dass Solarenergie das Potenzial hat, Kohle- und Atomenergie zu ersetzen".

Die Aktion wird zur Enttäuschung. Ein einzelnes Solarmodul reicht einfach nicht zum Antrieb der Küchenmaschine, die der Aachener als Testobjekt auserkoren hat. Zwölf Module sind nötig, findet er schnell heraus – erst dann wird die Maschine mit voller Leistung laufen können. Doch Solarmodule sind teuer, viel zu teuer, ein 50-Watt-Modul kostet mehr als 1000 Mark. Was also tun?

Der Gemeindepfarrer, mit der Frage konfrontiert, schlägt die Gründung eines Vereins vor, eines Solarvereins. Also treffen sich am 15. November 1986 acht Interessenten im Gemeindehaus in Aachen, darunter ein evangelischer und ein katholischer Geistlicher, zwei Offiziere der Bundeswehr, ein Universitätsprofessor und ein Arzt. Nach Revoluzzern klingt das nicht.

Sie schließen sich zusammen, nennen sich fortan Solarenergie-Förderverein (SFV) – und kaufen dann als erste Vereinshandlung elf weitere Solarmodule. Auf Aachener Plätzen treten sie fortan auf, treiben mit dem Gleichstrom der Solarmodule die Küchenmaschine, einen Schlagbohrer oder eine Stichsäge an. Die Menschen in der Fußgängerzone bleiben stehen. Manche suchen einen Akku, doch den gibt es nicht, die Geräte laufen direkt mit Solarstrom. In dieser Zeit ist das noch ziemlich spektakulär.

Später stockt der Verein sein Kontingent auf 30 Module auf. Er konstruiert Transportkisten für den Bahnversand und Gestelle, bundesweit gehen die Kisten nun auf Tour. Zwischen Juni 1988 und Juli 2003 buchen zahlreiche Umweltgruppen aus der ganzen Republik die Anlagen, um auf Marktplätzen und in Fußgängerzonen die Kraft der Sonne sichtbar zu machen. Auch eine Gruppe der Jungen Liberalen leiht sich die Solarmodule für den Wahlkampf. Ihr Vorsitzender zu diesem Zeitpunkt: Guido Westerwelle.

Doch von Fabeck will längst mehr. Die Photovoltaik, erkennt er, wird sich erst in großem Stil durchsetzen, wenn der Anlagenbetreiber eine Vergütung erhält, die seine Investition betriebswirtschaftlich rentabel macht. Von Fabeck sieht darin einen Akt der Chancengleichheit: Noch ist der Strommarkt nicht liberalisiert: Die Bundesländer müssen die Strompreise genehmigen. Dabei gestatten sie

▣ →
Küchengeräte in der
Fußgängerzone:
Aachener Demoanlage
in Magdeburg, 1989

▣ →
Per Bahn unterwegs:
Module aus Aachen in der
Freiburger Innenstadt am
Greenpeace-Stand, um 1990

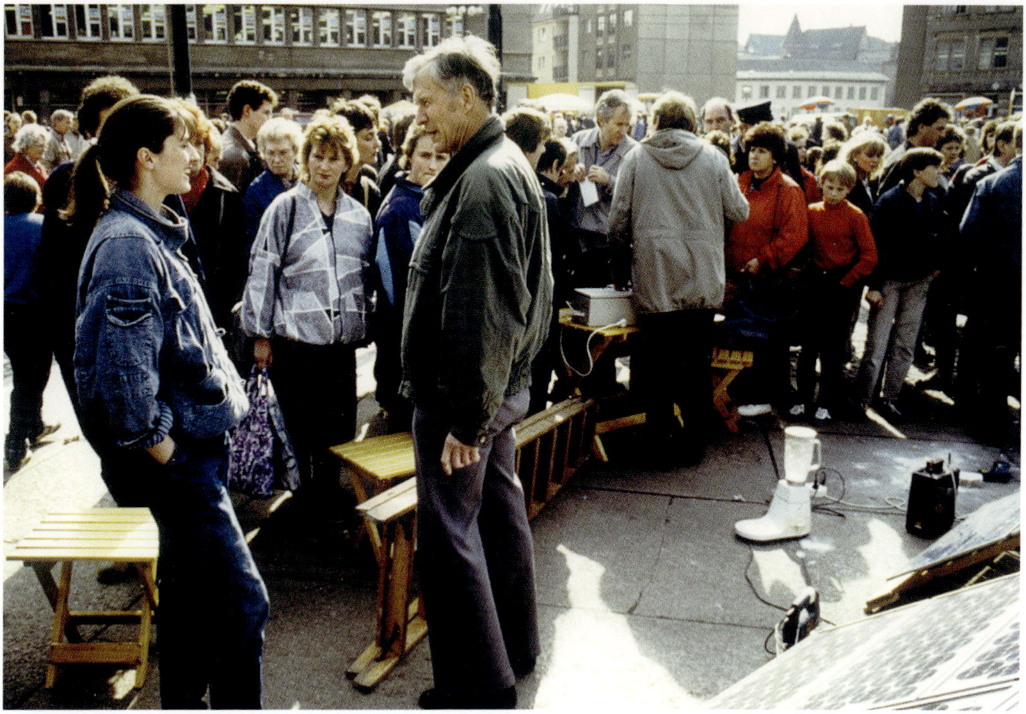

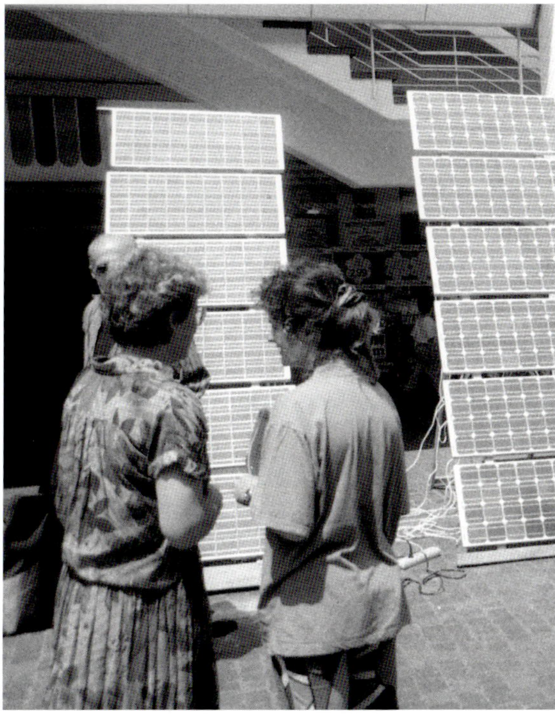

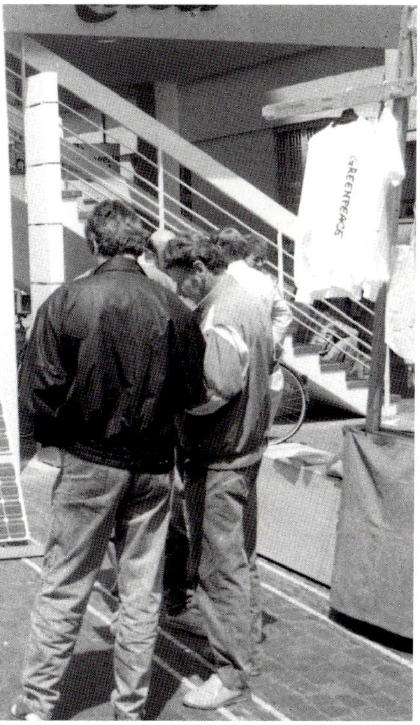
GREENPEACE

Am schnellsten von allen:
Burgdorf in der Schweiz

es den Stromkonzernen, ihre gesamten Investitionen stets auf den Strompreis umzulegen.

Wenn etwa der Betreiber eines Kohlekraftwerks seine Anlage entschwefelt, kann er die Kosten des Umweltschutzes – zweifellos zu Recht – über einen höheren Strompreis wieder hereinholen. Warum sollte das nicht auch für Privaterzeuger gelten, die im Sinne des Umweltschutzes sauberen Solarstrom erzeugen? Von Fabeck ist nicht der Erste mit dieser Idee, aber er macht sie bekannt. Und sein Verein mit bald mehr als 1000 Mitgliedern gibt seinem Wort das nötige Gewicht.

Die Idee kommt ursprünglich aus Hamburg. Dort gibt es Umschalten e.V., einen Verein, der aus dem Widerstand gegen das Atomkraftwerk Brokdorf hervorging. Er nennt sich auch „Verein der Selbsterzeuger von umweltfreundlichem Strom". Im Januar 1987 wurde er von Helmut Häuser und einigen Mitstreitern gegründet.

In einem Positionspapier des Vereins legt Häuser schon im Dezember 1987 die Vorteile des Modells dar: Mit einer kostendeckenden Vergütung könnten „private Investitionsbereitschaft und Aktivität mobilisiert werden". Ein Teufelskreis soll durchbrochen werden: Solarstrom ist teuer, weil es keinen Markt gibt. Den Markt wiederum gibt es nicht, weil die Technik teuer ist. Ohne Impulse des Staates, so viel ist klar, kommt die Photovoltaik da kaum heraus.

## Kilowatt rauf aufs Dach, Preise runter in den Keller

Logo des Solarenergie-
Fördervereins

•────

„Solarenergie ist in
Deutschland noch nicht
anwendungsreif."

*RWE, 1996*

Noch rechnet man mit einem Preis von 3,57 Mark pro Kilowattstunde, ein Wert, den Bundesforschungsminister Heinz Riesenhuber in die Welt gesetzt hat. Um diesen Preis zu drücken, unterbreiten Wolf von Fabeck und sein Aachener Förderverein die Idee von der kostendeckenden Vergütung im August 1989 erstmals dem Bundeswirtschaftsministerium – und blitzen ab.

Aber sie geben nicht auf. Im November 1990 starten sie mit Hilfe privater Spender ein Programm zur kostendeckenden Vergütung. Es bekommt den Namen „Solarpfennig". Das heißt: Förderer finanzieren Solaranlagen auf fremden Häusern. Denn in diesem Moment zählt vor allem eines: Es müssen Kilowatt – bald Megawatt – rauf auf die Dächer. Denn nur so kriegt man den Preis der Technik in den Keller.

Es gibt Unterstützer auch in den Verwaltungen. In Nordrhein-Westfalen erklärt der Strompreisreferent im Wirtschaftsministerium Dieter Schulte-Janson, er werde den Antrag eines Energieversorgers auf Strompreiserhöhung zugunsten kostendeckender Vergütung positiv bescheiden, wenn irgendwann einer gestellt werde. Dass er sich damit bewusst gegen nahezu alle Stellen im Wirtschaftsministerium positioniert, nimmt er gelassen. Sein Minister Günther Einert nämlich will von der Solarförderung rein gar nichts wissen und sagt: „Ich bin nicht bereit, den Bastelladen der Solarfreunde über den Strompreis zu finanzieren."

# Wenig Worte, große Wirkung

Das Stromeinspeisungsgesetz beendet die Willkür der Stromversorger

Es sind fünf Paragrafen, zusammen keine 500 Wörter lang. Sie geben in Deutschland den Startschuss für den Ausbau der erneuerbaren Energien: Am 1. Januar 1991 tritt das Stromeinspeisungsgesetz (StrEG) in Kraft.

Offiziell verabschiedet wird es zwar von einer Regierung aus CDU/CSU und FDP, hinter den Kulissen eingefädelt haben es zuvor jedoch ein CSU-Abgeordneter und ein bayerischer Mandatsträger der Grünen. Beide sind studierte Ingenieure, und beide haben eine Sympathie für die Wasserkraft – diese Gemeinsamkeiten wiegen schwerer als alle parteipolitischen Vorbehalte.

Das Gesetz bringt den Betreibern von Kleinkraftwerken (was anfangs vor allem die süddeutsche Wasserkraft betrifft) zwei entscheidende Neuerungen. In Paragraf zwei heißt es: „Die Elektrizitätsversorgungsunternehmen sind verpflichtet, den in ihrem Versorgungsgebiet erzeugten Strom aus erneuerbaren Energien abzunehmen und den eingespeisten Strom nach § 3 zu vergüten." Damit ist ein häufiges Ärgernis beseitigt: Der Willkür von Stromversorgern, die bislang oft den Anschluss von Kleinerzeugern an ihr Netz ablehnen, ist nun ein Riegel vorgeschoben.

In Paragraf drei des Gesetzes werden dann die Vergütungen definiert: Für Strom aus Sonnenenergie und Windkraft müssen die Versorger danach „mindestens 90 vom Hundert des Durchschnittserlöses je Kilowattstunde aus der Stromabgabe von Elektrizitätsversorgungsunternehmen an alle Letztverbraucher" bezahlen. Für Wasserkraft und Biomasse betragen die Sätze 75 Prozent des Durchschnittserlöses. Die Vergütungen sind also jeweils abhängig vom Strompreis, sie werden deshalb jährlich anhand einer offiziellen Strompreisstatistik neu kalkuliert.

Sie schwanken nur moderat. Für Wind- und Solarstrom müssen die Energieunternehmen über die Jahre stets etwa 17 Pfennig bezahlen, für Strom aus Wasserkraft rund 15 Pfennig. An der Küste löst das Gesetz in den folgenden Jahren einen Windkraftboom aus, der Deutschland in wenigen Jahren zur weltweit führenden Windkraftnation macht.

Für die Solarenergie sind die Vergütungssätze aber noch zu gering, um wirklich einen Anschub leisten zu können. Hier sind es erst kommunale Projekte der kostendeckenden Vergütung und ab April 2000 das Erneuerbare-Energien-Gesetz (EEG), die deutliche Fortschritte bringen.

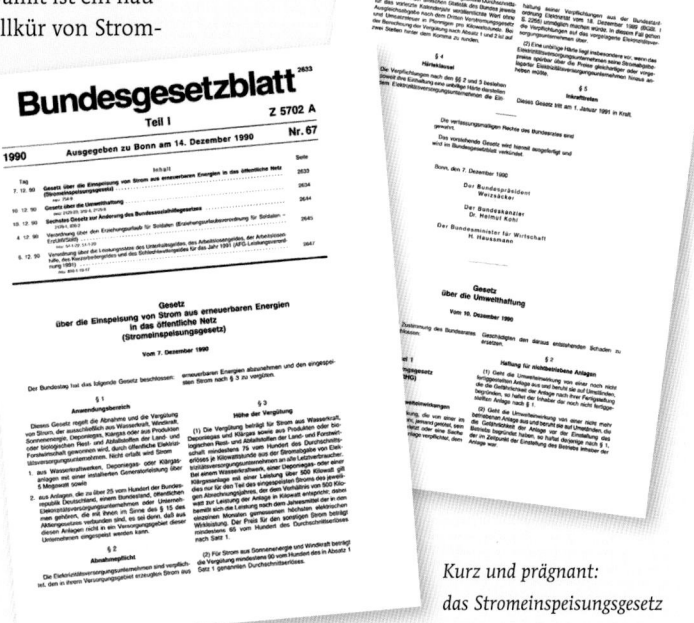

*Kurz und prägnant:*

*das Stromeinspeisungsgesetz*

95

Den Bürgermeister
überstimmt: Ernst Schrimpff

Aus Aachen kommt einstweilen kein Antrag auf kostendeckende Vergütung, denn die Stadtwerke wollen nicht. Daraufhin reicht ein Mitglied des Fördervereins im Dezember 1991 im Gemeinderat einen Bürgerantrag ein, unterstützt von elf Aachener Umweltgruppen. Der Antrag findet eine breite Mehrheit quer durch die Fraktionen. Die Stadtwerke Stawag jedoch ignorieren den Beschluss kurzerhand und verweigern weiterhin die Einführung der kostendeckenden Vergütung. „Der Widerstand der Stadtwerke war so groß, dass es fünf Ratsbeschlüsse brauchte, bis der Antrag endlich gestellt und die kostendeckende Vergütung in Aachen endlich wirklich eingeführt war", beklagt sich später der SFV. In den Medien ist vom Widerstand des Energiekonzerns RWE die Rede.

## Freising, Hammelburg und Burgdorf in der Schweiz

⬛ →

Lehrobjekt dank Vergütung:
auf dem Schulhaus
Gsteighof in Burgdorf

⬛ →

Ein Grüner im Grünen:
Hans-Josef Fell vor seinem
Wohnhaus in Hammelburg,
2011

Namensgeber:
Die Schweiz kennt das
„Burgdorfer Modell"

Schneller als die Deutschen sind einige Schweizer. Um genau zu sein: Es sind die Menschen in Burgdorf bei Bern. Die dortigen Stadtwerke, die zu dieser Zeit noch Industrielle Betriebe Burgdorf (IBB) heißen, führen schon 1991 eine kostendeckende Vergütung für Solarstrom ein – als erste Kommune im deutschsprachigen Raum. Initiator ist ein Elektroingenieur im Stadtrat. Er bringt kurzerhand die Idee in den Rat ein, und weil sie so überzeugend klingt, bekommt er sofort eine Mehrheit. Fortan bezahlen die Stadtwerke Burgdorf einen Schweizer Franken je eingespeister Kilowattstunde. In der Schweiz ist seither vom „Burgdorfer Modell" die Rede.

Trotzdem setzt sich das Prinzip in der Schweiz nicht durch. Populärer werden hier später die Solarstrombörsen. Zürich startet eine solche 1997: Kunden, die keine eigene Solaranlage errichten können – zum Beispiel, weil sie keine geeignete Dachfläche zur Verfügung haben – bezahlen einen kleinen Aufschlag auf ihre Stromrechnung. Gleichzeitig erhalten die Betreiber einer Solaranlage eine angemessene Vergütung für den umweltgerecht erzeugten Strom. Es ist Solarförderung auf Spendenbasis, ähnlich dem Solarpfennig in Aachen.

Das Potenzial solcher Modelle ist begrenzt, das ist allen Solarfreunden klar. Man braucht eine politische Lösung, man braucht das „Aachener Modell" der kostendeckenden Vergütung. In zahlreichen deutschen Städten werden die Bürger nun aktiv, und mitunter kommen sie sogar schneller zum Ziel als Aachen selbst. Freising zum Beispiel.

Hier ist es Ernst Schrimpff, der die kostendeckende Vergütung durchsetzt. Der Landschaftsökologe ist Professor an der Fachhochschule Weihenstephan und hat 1989 den Verein

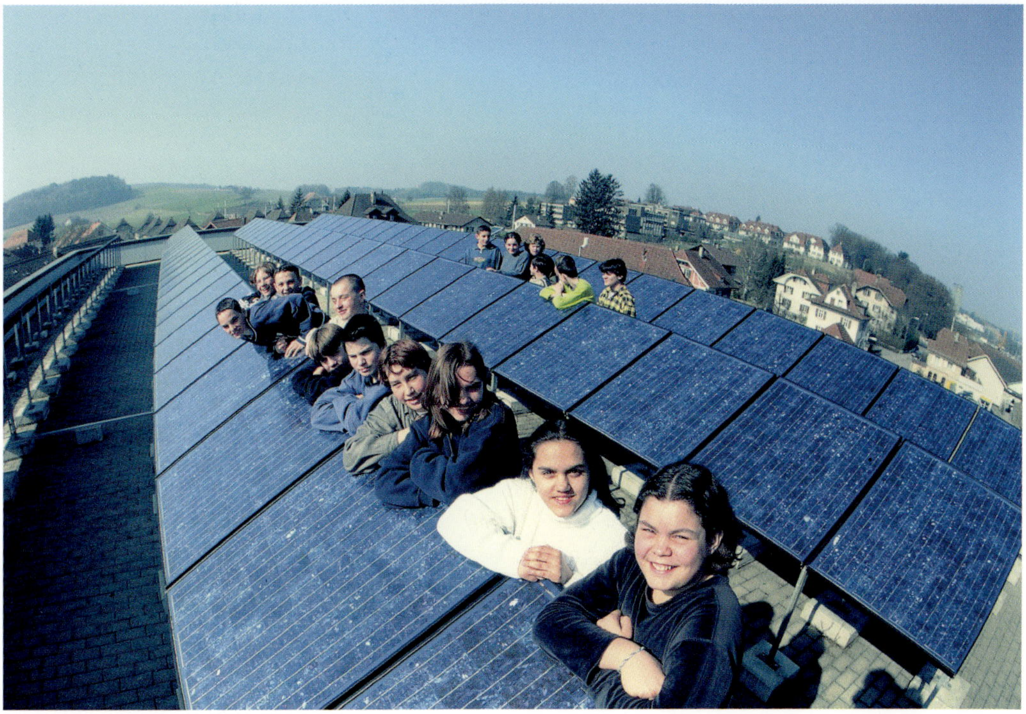

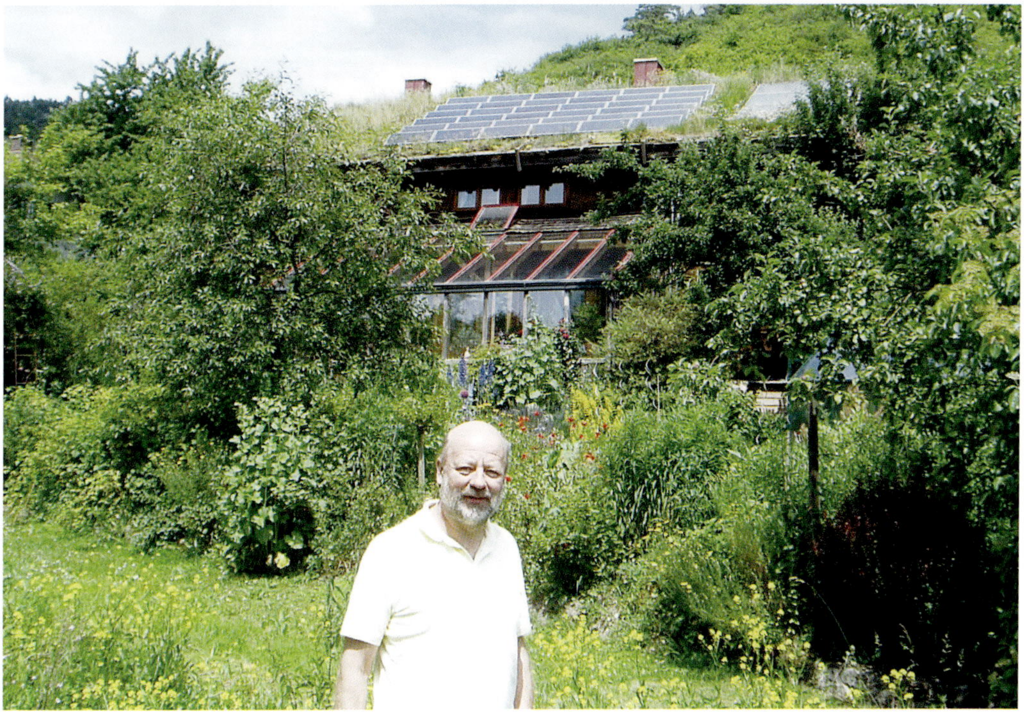

Neuland: erste Dachanlage
in Freising, 1990

Suche nach Unterstützung:
Infostand in Freising

Sonnenkraft Freising gegründet. Dieser stellt im März 1992 einen Antrag im Gemeinderat auf kostendeckende Vergütung für Solarstrom.

Der Oberbürgermeister ist dagegen. Auch die Stadtwerke protestieren, doch als 100-prozentiger Eigenbetrieb der Stadt müssen sie schließlich umsetzen, was ihnen der Gemeinderat vorgibt: Im Juli 1993 beschließt der Rat mit 31 gegen 5 Stimmen eine Vergütung für Solarstrom in Höhe von zwei Mark je Kilowattstunde. Auf 100 Kilowatt ist das Kontingent gedeckelt.

Fast zeitgleich ist die bayerische Gemeinde Hammelburg aktiv. Dort ist Hans-Josef Fell die treibende Kraft, er ist Physiklehrer. Er ist geprägt von den „Grenzen des Wachstums" und der Anti-Atom-Bewegung. Im Unterricht zeigt Fell seinen Schülern, wie die Sonne Wasser erwärmt, und berechnet mit ihnen aus der Erwärmung die Höhe der Einstrahlung. Er mag die praktische Physik.

Aber er kommt aus politischem Hause. Sein Vater war 18 Jahre lang Bürgermeister in Hammelburg. Natürlich gehörte dieser der CSU an, das war hier damals nicht anders denkbar. Der Sohn jedoch kämpft 1990 gegen eine Müllverbrennungsanlage in der Region. Dann kandidiert er sogar für den Stadtrat auf der Liste „Bürger für Umwelt", so nennen sich hier die Grünen. Fell wird gewählt – und die CSU verliert damit die absolute Mehrheit im Rat.

Die SPD, die Freien Wähler und die „Bürger für Umwelt" sind nun in der Überzahl. Aber sie haben nur ein bescheidenes gemeinsames Konzept: die CSU zu überstimmen. Auf Dauer ist das doch etwas wenig. Beim Gewässerschutz wollen sie gemeinsame Sache machen, doch dann fällt die SPD um. Was jetzt?

Es muss endlich ein gemeinsames Projekt her. Fell bringt jetzt das Konzept der kostendeckenden Vergütung für Solarstrom ein. Die CSU ist natürlich dagegen, nennt das Ganze Abzocke. Aber das schweißt die anderen Fraktionen umso mehr zusammen. Und so beschließt der Stadtrat im Jahr 1993, dass die Stadtwerke Hammelburg, zu 100 Prozent ein städtischer Eigenbetrieb, für den Strom vom Dach künftig zwei Mark je Kilowattstunde vergüten müssen. 15 Kilowatt will man auf diese Weise fördern.

Damit ist Solarstrom in Hammelburg für Investoren rentabel – und doch gibt es noch ein Problem: Man kann sich nicht sicher sein, ob die Stadtwerke das Geld für die Mehrvergütung am Ende tatsächlich bei den Stromkunden durch einen Aufschlag auf den Strompreis zurückholen dürfen, die Rechtslage ist noch etwas diffus. Weil die Stadtwerke aber nicht auf den Mehrkosten sitzenbleiben möchten, bezahlen sie die Vergütung nun unter Vorbehalt, so lange, bis das bayerische Wirtschaftsministerium über die Umlage entschieden hat. In Freising ist das anders, dort übernimmt die Stadt das Kostenrisiko.

Die wirklichen Solarpioniere aber kann solche Unsicherheit nicht schrecken. Vielleicht ist ihr Geld am Ende weg, mag sein. Hauptsache, die Solarenergie kommt voran. Zusammen mit sieben anderen Bürgern gründet Hans-Josef Fell eine Gesellschaft, die er später „die erste Betreibergemeinschaft der Welt für eine Photovoltaikanlage" nennt. In einem Jahr kommen 200 000 Mark zusammen, damit werden zwölf Kilowatt auf sieben Dächern installiert. Es sind kleine Anlagen, die kleinste leistet gerade 800 Watt. Ein Privatmann realisiert die verbliebenen drei Kilowatt – dann ist das Hammelburger Kontingent erschöpft.

Und Fell rechnet wieder, er hat als Physiker einen Bezug zu Zahlen: 15 Kilowatt in Hammelburg in zwei Jahren, das entspricht – auf Bundesebene hochgerechnet – 80 Megawatt Zubau pro Jahr. Fell hält solche Mengen für realistisch, Kritiker finden sie absurd. Doch in der Realität erreicht der Zubau in Deutschland im Jahr 2010 fast das 100-Fache.

Mehr als solche Zukunftsvisionen bewegen Ende 1993 in Hammelburg die Fragen der Praxis, schließlich ist jede aufkommende Frage Neuland. Die Leute wollen wissen, ob es künftig ins Dach reinregnen könnte, wenn sie Module darauflegen. Sie fragen, ob sie neue Hausgeräte brauchen, wenn die Anlage Strom liefert. Vor allem aber müssen Verträge gestrickt werden, die es bisher nicht gab; einen Dachnutzungsvertrag zum Beispiel hat die Welt zuvor noch nicht gesehen.

Am Ende wird alles gut. Im Jahr 1996 macht das bayerische Wirtschaftsministerium den Weg frei, die Stadtwerke dürfen die Mehrkosten auf die Stromkunden umlegen. Otto Wiesheu ist der zuständige Minister. Er dürfte bei seiner Entscheidung auch die Firma Siemens im Blick gehabt haben, die in München Solarzellen fertigt. Hans-Josef Fell jedenfalls gelangt in dieser Zeit zu der Erkenntnis: „Wenn du was verändern willst, musst du Politiker werden." 1998 zieht er für die Grünen in den Bundestag ein.

**Kostendeckende Vergütung in Bayern, März 1999**

Map labels: Münnerstadt, Hammelburg, Ebern, Mkt. Heidenfeld, Schweinfurt, Aschaffenburg, Werneck, Würzburg, Herzogenaurach, Baiersdorf, Erlangen, Fürth, Hahnbach, Hirschau, Emskirchen, Reichenschwand, Amberg, Nürnberg, Amberg-Sulzbach, Rothenburg o.d.T., Berg, Schwabach, Roth, Straubing, Deggendorf, Ingolstadt, Landshut, Moosburg, Freising, Dachau, Erding, Rottal-Inn, Fürstenfeldbruck, München, Trostberg, Peißenberg, Stephanskirchen, Traunstein, Kempten, Lindau

Legend:
● Echte kostendeckende Vergütung (KV)
● Deutlich erhöhte Vergütung
○ Beschluss von Kommunen ohne eigenes EVU (Appell)
⬤ Landkreisbeschluss für KV (Appell)

Vor allem in Bayern macht die Idee von der Solarförderung Furore. „Die Bayern sind sehr heimatverbunden, das steckt tief in deren Seele – und die Sonne ist ein Teil der Heimat", sagt Solarfreund Schrimpff. Sein Verein Sonnenkraft Freising unterstützt fortan alle Interessenten, bald gibt es 30 Städte mit kostendeckender Vergütung auf der bayerischen Landkarte. Schrimpff erklärt später das Erfolgsmodell: „Die Solarinitiativen hatten keine Struktur, sie waren daher von den Gegnern nicht angreifbar." Sie ließen sich nicht unterwandern und auch nicht aushöhlen.

Das Konzept findet bald auch in Österreich Freunde. Vom 29. September 1994 an wird in Purkersdorf bei Wien eine kostendeckende Vergütung von 10 Schilling pro Kilowattstunde bezahlt. Purkersdorf ist die erste Stadt Österreichs, die dieses Modell wählt.

Dann endlich folgt auch Aachen. Mit Datum vom 19. Juni 1995 wird der erste Vertrag zwischen der Stawag und einem Aachener Solarstromeinspeiser abgeschlossen. Es gibt fortan 1,89 Mark pro Kilowattstunde, das Kontingent ist auf ein Megawatt beschränkt. In den nächsten Wochen folgen ähnliche Beschlüsse in Soest und in Lemgo.

Klein aber bedeutend: erste Gemeinschaftsanlage in Freising, 1991

## 500 Kilowatt in Bonn – der Anfang des Frank Asbeck

Und im August 1995 folgt auch Bonn. Dort jedoch initiiert die kostendeckende Vergütung ein Projekt, das manchem Vordenker der Solarenergie ein wenig sauer aufstößt. Auch Bonn hat für ein Kontingent von einem Megawatt Geld genehmigt – da schnappt sich ein Investor gleich die Hälfte davon. Man hatte schlicht vergessen, die Größe der Solaranlagen zu limitieren. Auf einer Industriehalle in der Siemensstraße installiert Frank Asbeck nun eine Anlage mit 500 Kilowatt, fortan ist sie die größte in Deutschland. 500 Kilowatt entsprechen in diesem Jahr einem Zehntel des deutschen Marktes.

Unternehmer Asbeck ist Gründungsmitglied der Grünen – und ein umtriebiger Geschäftsmann. Unter anderem vermietete er zuvor gepanzerte Fahrzeuge an Fernsehteams, Reporter und Fotografen, die aus Kriegs- und Krisenregionen berichteten. Jetzt wird er kurzerhand zum Solarkraftwerker. Seine Module kauft er billig im spanischen Toledo. Es sind Gebrauchtmodule der BP-Tochter Solarex. Einige Solarfreunde echauffieren sich: Man wolle mit der kostendeckenden Vergütung die Solarfertigung unterstützen, nicht den Schrottimport.

Asbeck selbst nennt das Konzept eine „Low-Cost-Lösung". Und er findet Gefallen an den Zellen. Zumal er von John Browne, dem Chef des Ölkonzerns BP, irgendwann den Satz hört: „Das ist das quadratische Öl der Zukunft." Asbeck kauft weitere Module von Solarex in den USA und wird bald zu einem der führenden Importeure für Solarmodule. So beginnt mit der Anlage in Bonn der Aufstieg des Solarunternehmers Asbeck. Er gründet im Jahr 1998 die Firma Solarworld.

Schon ein bisschen größer: zweite Gemeinschaftsanlage in Freising, 1993

← 🖼
Erfolg der kostendeckenden Vergütung: Solarhaus in Freising, 1995

← 🖼
Pioniergebäude: das erste Solarhaus in Freising, 1992

← 🖼
Größenbeschränkung vergessen: 500-Kilowatt-Anlage in Bonn, 1995

Erstausgabe, März/April 1996

## Von Aachen in die Welt hinaus – eine Idee soll an den Kiosk

Ein paar Dutzend Städte und Gemeinden mit kostendeckender Vergütung sind dem Aachener Förderverein noch zu wenig. Es muss eine bundesweite Lösung her – mit einer Umlage über den Strompreis. Denn Fördertöpfe sind bekanntlich immer schnell leer, und sie werden zudem nach jedem Regierungswechsel neu verhandelt.

Der erste Vorschlag im Aachener Verein geht dahin, das bestehende Stromeinspeisungsgesetz zu novellieren und dann einfach eine andere Zahl beim Solarstrom hineinzuschreiben. Denkbar wären 1,70 Mark statt der bisherigen 17 Pfennig. Denn die Strategie des Vereins ist unverändert: Es muss ein Markt aufgebaut werden. Man kann nicht immer nur forschen und dann auf einen Marktdurchbruch hoffen. Umgekehrt soll es funktionieren: Wenn der Markt kommt, kommt die Forschung. Sie wird den nötigen technischen Fortschritt und einen Preisrückgang bringen. Also wird viel gerechnet in dieser Zeit unter den Solarfreunden – man kalkuliert Lernkurven, Strompreise, Fabrikkosten.

Bald reift im Solarenergie-Förderverein auch die Idee, die kostendeckende Vergütung durch ein eigenes Medium bundesweit noch bekannter zu machen: Die bestehende Vereinszeitschrift *Solarbrief* soll an die Kioske gebracht werden. Als dann nach anderthalb Jahren das Konzept der neuen Zeitschrift steht, will der Vorstand des Vereins nicht mitziehen. Also spaltet sich eine Gruppe von 20 jungen Leuten ab und bringt auf eigene Faust im März 1996 das erste Exemplar des neuen Magazins auf den Markt. Es erscheint fortan alle zwei Monate, später monatlich. Sein Name ist *Photon*.

> „Die regenerativen Energien werden bei nüchterner Betrachtung in absehbarer Zeit nur wenig mehr als null Prozent Bedeutung für die Produktion von Energie, speziell von Strom, haben. Sie haben aber offensichtlich 100 Prozent Bedeutung in der Öffentlichkeit. Wenn die erneuerbaren Energien weit und breit eine derartige Begeisterung auslösen, dann muss man sich fragen, wie es zu dieser Dissonanz der Fakten kommen kann."
>
> *Hans-Joachim Reh, Vorstandsmitglied der Hamburgischen Electricitäts-Werke AG im Juni 1995*

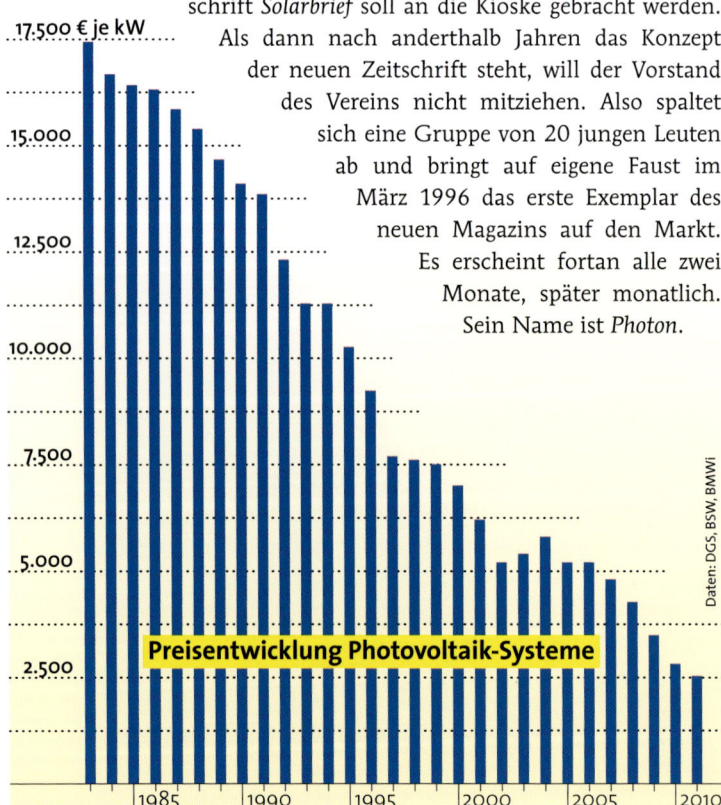

Preisentwicklung Photovoltaik-Systeme

Daten: DGS, BSW, BMWi

# Durchbruch für den Netzverbund
## Mit dem 1000-Dächer-Programm beginnt eine neue Zeitrechnung der Photovoltaik

Es ist ein riesiges Forschungsprojekt, nicht weniger als der weltgrößte Breitentest der netzgekoppelten Photovoltaik: Im September 1990 starten Bund und Länder in Deutschland das „1000-Dächer-Photovoltaik-Programm". Dies fördert netzgekoppelte Photovoltaik-Anlagen mit einer Leistung von einem bis zu fünf Kilowatt auf Dächern von Ein- und Zweifamilienhäusern. Ursprünglich ist das Programm nur für die westlichen Bundesländer angelegt, nach der deutschen Vereinigung wird es im Juli 1991 auch auf den Osten ausgedehnt.

Der Bund gewährt 50 Prozent Zuschuss auf die Anlagen- und Installationskosten, die Länder übernehmen weitere 20 Prozent. Die maximale Förderhöhe beläuft sich auf 27 000 Mark pro Kilowatt, das ist der Preis einer typischen Anlage in dieser Zeit. In den ersten anderthalb Jahren sind nur Module aus Deutschland zugelassen, dann auch Module aus anderen europäischen Ländern.

*Weltweit einmaliger Breitentest: Broschüre des ISE*

Wirtschaftlich attraktiv ist die Investition für die Teilnehmer nicht. Sie bezahlen für eine Drei-Kilowatt-Anlage trotz der Zuschüsse noch mehr als 20 000 Mark aus eigenen Mitteln – bei bestenfalls 500 Mark Einspeisevergütung pro Jahr. Trotzdem ist die Nachfrage enorm; am Ende werden 2250 Anlagen gefördert, sie verfügen im Durchschnitt über eine Leistung von 2,5 Kilowatt.

Die Anlagenbetreiber müssen sich verpflichten, fünf Jahre lang monatlich ihren Einspeisezähler abzulesen und die Werte quartalsweise an das Fraunhofer-Institut für Solare Energiesysteme (ISE) in Freiburg zu faxen. So entsteht erstmals ein systematischer Überblick über die Stromerträge in der Praxis.

Die meisten Anlagen werden allerdings erst verspätet zwischen 1992 und 1994 realisiert, denn Hunderte von Kunden müssen lange auf einen Wechselrichter warten. Die Hersteller leiden zudem darunter, dass immer wieder Geräte defekt zurückkommen. Es sind die typischen Probleme einer jungen Industrie.

Als das Kontingent des Programms ausgeschöpft ist und damit auch keine Fördergelder mehr fließen, droht der zarte Solarmarkt zusammenzubrechen. Nun springen vielfach die Bundesländer ein und fördern den Kauf von Solarstromanlagen mit jeweils 25 bis 30 Prozent der Kosten.

Der wohl größte Erfolg des 1000-Dächer-Programms liegt am Ende in dem Gesinnungswandel, den es einleitet – das Programm macht den Netzanschluss salonfähig. Die zuvor vorherrschende Meinung, Photovoltaik sei nur etwas für den Weltmarkt, für arme Länder ohne Stromnetz und netzferne Anwendungen, ist nun nicht mehr haltbar. Zumal das Programm auch mit einem Vorurteil aufräumt: Die Vorstellung, Solarstrom destabilisiere das Netz, ist als Mythos entlarvt.

Haus „am himmlischen Kabel":
das energieautarke Solarhaus
in Freiburg

# Wohnen im Solarkraftwerk

Energieautark oder in Plusenergie-Variante – kreative Architekten
revolutionieren den Hausbau

→

Auch fürs Kochen nur Solarenergie: Wasserstoff-Diffusionsbrenner

**K**ann das wirklich funktionieren? Adolf Goetzberger, Direktor des Fraunhofer-Instituts für Solare Energiesysteme in Freiburg, hat eine Idee: Er will ein energieautarkes Haus bauen. Ohne Öl, Gas, Kohle und Holz. Und auch ohne Stromanschluss.

Wir schreiben das Jahr 1987. Goetzberger kann die Geldgeber von seinem Plan überzeugen; er wirbt Fördermittel vom Bundesministerium für Forschung und Technologie ein, ebenso vom Land Baden-Württemberg und von der Stadt Freiburg. Denn alle wollen sie wissen, ob ein solches Konzept tatsächlich aufgehen kann; ob ein energieautarkes Wohnhaus möglich ist mit ausreichender Heizung und moderner Küche, mit Warmwasser und Elektrizität wie in jedem normalen Gebäude.

Und so entsteht schließlich am Christaweg in Freiburg ein frei stehendes Einfamilienhaus mit 145 Quadratmetern Wohnfläche (siehe Bild Seite 104/105). Es erhält an der Südfassade eine transparente Wärmedämmung vor einer 30 Zentimeter dicken Kalksandsteinwand. Auf dem Dach werden 14 Quadratmeter Kollektoren installiert, außerdem 30 Quadratmeter Solarzellen mit einer Leistung von 4,2 Kilowatt. Im Oktober 1992 zieht der Projektleiter mit Familie ein. Vom „Haus am himmlischen Kabel" schreibt respektvoll die Berliner Tageszeitung *taz*.

Und der Himmel meint es gut mit den Forschern, die Rechnung geht auf. Beste Dämmung und eine ausgeklügelte Energieversorgung machen tatsächlich alle sonstigen Energiequellen überflüssig – die Wärme für Raumheizung und Brauchwasser kommt ebenso von der Sonne wie der Strom. Weil elektrische Energie jedoch vor allem dann benötigt wird, wenn die Sonne nicht scheint, Batterien aber noch teuer und leistungsschwach sind, hat man auch ein Speicherkonzept ersonnen: Neben einem kleinen Batteriepuffer nutzt man Wasserstoff, der bei Bedarf mittels Brennstoffzelle Strom und Wärme liefert.

Im Jahr 1996 geht das Freiburger Solarhaus dennoch ans Netz. Aber nicht etwa, weil seine Bewohner plötzlich doch zusätzliche Energie benötigen. Im Gegenteil: Der Überschuss aus der Photovoltaikanlage, der zwangsläufig in jedem Sommer anfällt, soll nicht länger ungenutzt bleiben.

Holzskelett: das Heliotrop im Bau, 1994

Freiburger Baumhaus bleibt kein Unikat: Heliotrop in Offenburg

Immer dem Licht entgegen: Sonnensegel dreht sich mit dem Haus am Schlierberg

## Ein Haus dreht sich mit der Sonne

Das Fraunhofer-Projekt bleibt nicht das einzige spektakuläre Solarhaus in Freiburg. Im Sommer 1994 folgt eines am Freiburger Schlierberg, das Heliotrop. Es richtet sich immer in Richtung der Sonne, wie sein Name besagt, der aus dem Griechischen kommt.

Architekt Rolf Disch hat das Haus gebaut. Auch er wurde im Widerstand gegen das Atomkraftwerk Wyhl sozialisiert, heute kämpft er zudem gegen die verschwenderische Nutzung fossiler Energien. Für ihn besteht die vornehmste Aufgabe eines Architekten darin, Menschen im Einklang mit der Natur hochwertigen Lebensraum zu schaffen.

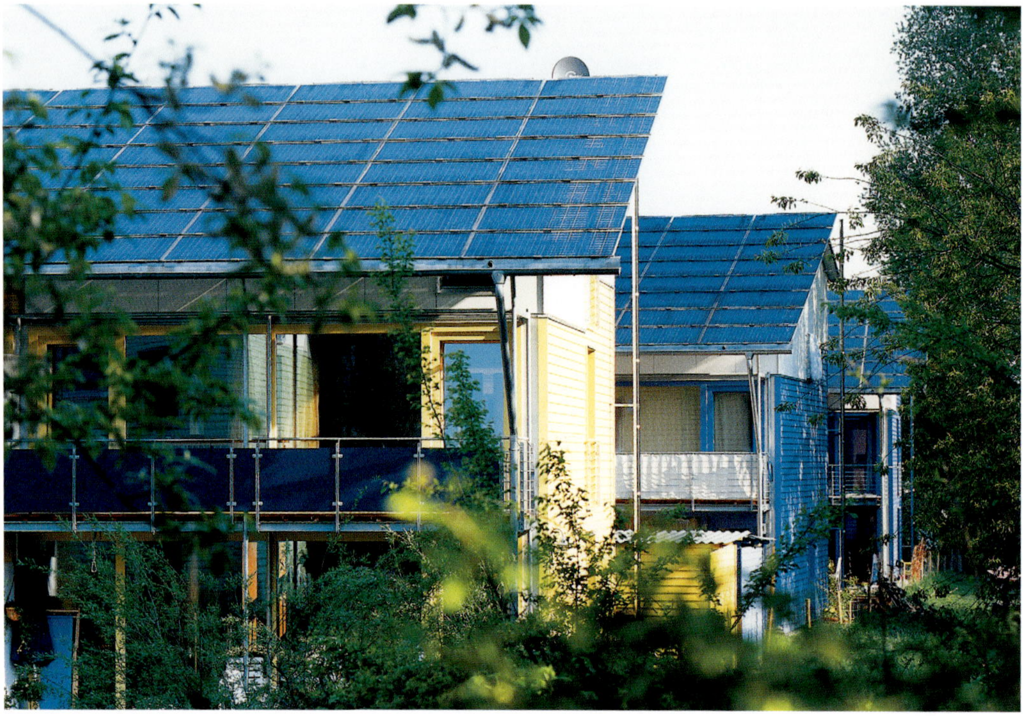

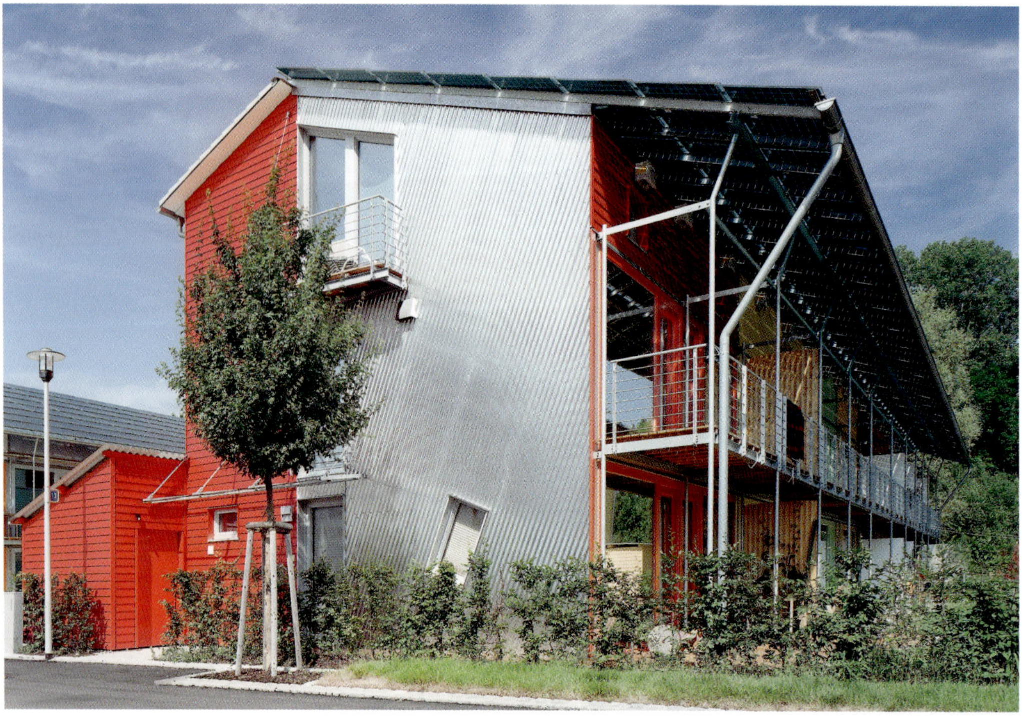

Das Heliotrop wird diesem Anspruch gerecht, ist ein Stück Baukunst der Zukunft. Von einer 14 Meter hohen tragenden Zentralsäule aus, in der sich eine Wendeltreppe verbirgt, gelangt man in die Räume. Spiralförmig sind sie in dem 18-eckigen Bau angeordnet, sie geben dem Gebäude damit die Form eines Baumes – unten die Säule, oben die Baumkrone. Doch das Design ist nicht das einzig Ungewöhnliche an diesem Objekt: Das Heliotrop ist ein „Plusenergiehaus".

Disch hat sich diese Bezeichnung als Markenzeichen schützen lassen. Sie besagt schlicht, dass das Haus mehr Energie einfängt, als seine Bewohner verbrauchen; das Haus ist folglich ein kleines Kraftwerk. Dafür sorgen neben der Solarstromanlage die Solarkollektoren, eine Wärmerückgewinnung aus der Abluft sowie ein Erdwärmetauscher.

Längst ist das Heliotrop nicht mehr das einzige Plusenergieprojekt. Unweit davon entfernt befindet sich die Solarsiedlung am Schlierberg, die 50 Wohnhäuser in Plusenergievariante umfasst. Daneben, entlang der Merzhauser Straße, verläuft das Sonnenschiff, ein gleichermaßen energieoptimiertes Büro- und Ladengebäude. Diese Häuser freilich stehen fest. Die Wohnhäuser sind nach Süden ausgerichtet, an der Sonnenseite sind sie großflächig mit hochwertigen Scheiben verglast. So reicht die Einstrahlung selbst an Wintertagen häufig aus, um angenehme Raumtemperaturen zu schaffen.

Was hatte man Disch nicht alles prophezeit, als er dieses Konzept Jahre zuvor präsentierte: „Die Immobilienleute haben mir alle abgeraten", erinnert er sich, „die haben alle gesagt, das geht nicht – und vermarkten lässt sich das sowieso nicht." Aber Disch behielt recht. Das Konzept funktioniert – und verkaufen lassen sich solche Häuser auch. Die ersten Objekte werden im Jahr 2000 bezogen.

Bald gewinnt Disch verlässliche Praxisdaten zur Energiebilanz der Gebäude: „Der Wärmeverbrauch liegt in den Häusern bei durchschnittlich 25 Kilowattstunden pro Quadratmeter", sagt der Architekt, „inklusive Warmwasser." Gedeckt wird der Bedarf durch Sonnenkollektoren und im Fall der Siedlung am Schlierberg durch die Abwärme eines Blockheizkraftwerks (BHKW).

Weil aber die eingespeiste Energiemenge der Photovoltaikanlagen deutlich größer ist als die bezogene Abwärme des BHKW, ergibt sich in der Bilanz energetisch ein Überschuss. Ebenso ein finanzieller: Aus Nebenkosten sind für die Bewohner Nebeneinnahmen geworden.

## Riesentank im Herzen für Sommerwärme im Winter

Doch es gibt auch andere Konzepte der Solararchitektur. Ortstermin im Solarhaus der Familie Lorenz in Kumhausen bei Landshut, gebaut im Jahr 2003: Im Zentrum der Wendeltreppe, die vom Keller ins Dachgeschoss führt, verbirgt sich unscheinbar hinter einer verputzen Wand ein riesiger Wasserspeicher. Er fasst 11 000 Liter, ist 6,20 Meter hoch und

Von Wyhl geprägt: Rolf Disch

Hat auf dem AKW-Bauplatz in Kaiseraugst übernachtet: Josef Jenni

←
Kraftwerke in Betrieb: Solarsiedlung in Freiburg

←
Immobilienleute rieten ab: Plusenergiehäuser in Freiburg finden dennoch Käufer

bezieht seine Wärme von 68 Quadratmetern Sonnenkollektoren. So wird der Wärmebedarf des Hauses mit seinen 170 Quadratmetern zu 80 Prozent solar gedeckt.

Das Sonnenhaus ist zugleich ein Spitzenprodukt in Sachen Wärmedämmung. Lediglich auf neun Kilowattstunden pro Quadratmeter summiert sich der jährliche Heizbedarf – unterhalb von 40 Kilowattstunden spricht man heute vom Niedrigenergiehaus, alles unter 15 Kilowattstunden gilt als Passivhaus.

„Bei Außentemperaturen von minus 20 Grad kühlt das Haus in der Nacht gerade um ein halbes bis Dreiviertelgrad ab", hat Hausbewohner Christian Lorenz gemessen. Somit gilt hier längst die Devise: „Die Außentemperatur spielt einfach keine Rolle mehr." In einem kalten Winter kommt man zumeist sogar besser über die Runden als in einem milden Winter. Denn Kälte heißt zumeist klare Luft, und damit Sonne am Tage. So ist Kälte nichts, was die Nutzer der Solarthermie wirklich schreckt – eher schon anhaltender Nebel.

Das Sonnenhaus Lorenz trägt die Handschrift des Architekturbüros Georg Dasch aus Straubing. Vor allem in Bayern hat er zahlreiche ambitionierte Häuser geplant, darunter auch das Sonnenhaus Lehner: Im Regensburger Stadtteil Burgweinting baute Dasch ein Solarhaus, das sogar gänzlich ohne Zusatzheizung auskommt. 84 Quadratmeter Kollektoren und ein Wasserspeicher von 39,5 Kubikmetern sichern die solare Volldeckung. Der Speicher mit einem Durchmesser von 2,40 Metern reicht vom Keller bis zum Dach; er ist – typisch für ein Sonnenhaus – als architektonisches Element in das Innere des Hauses integriert. Vollgetankt reicht seine Wärme für 50 Tage.

Unter weitblickenden Architekten ist die solare Vollversorgung längst die große Vision geworden. Auch in Kappelrodeck in der badischen Ortenau steht seit 2006 ein „100-Prozent-Solarhaus", gebaut von der Gerold Weber Solartechnik. 112 Quadratmeter Sonnenkollektoren liefern die nötige Wärme, die in einem Wassertank von 42,8 Kubikmetern gespeichert wird. Eine Wandflächen- und eine Fußbodenheizung verteilen die Wärme im Haus.

▄→
Außentemperatur spielt keine Rolle mehr: Sonnenhaus Lorenz

▄→
Gerne auch riesig: 112 000-Liter-Tank für ein Firmengebäude in Chemnitz

Speicher mit Wendeltreppe darum: Sonnenhaus Lorenz bei Landshut

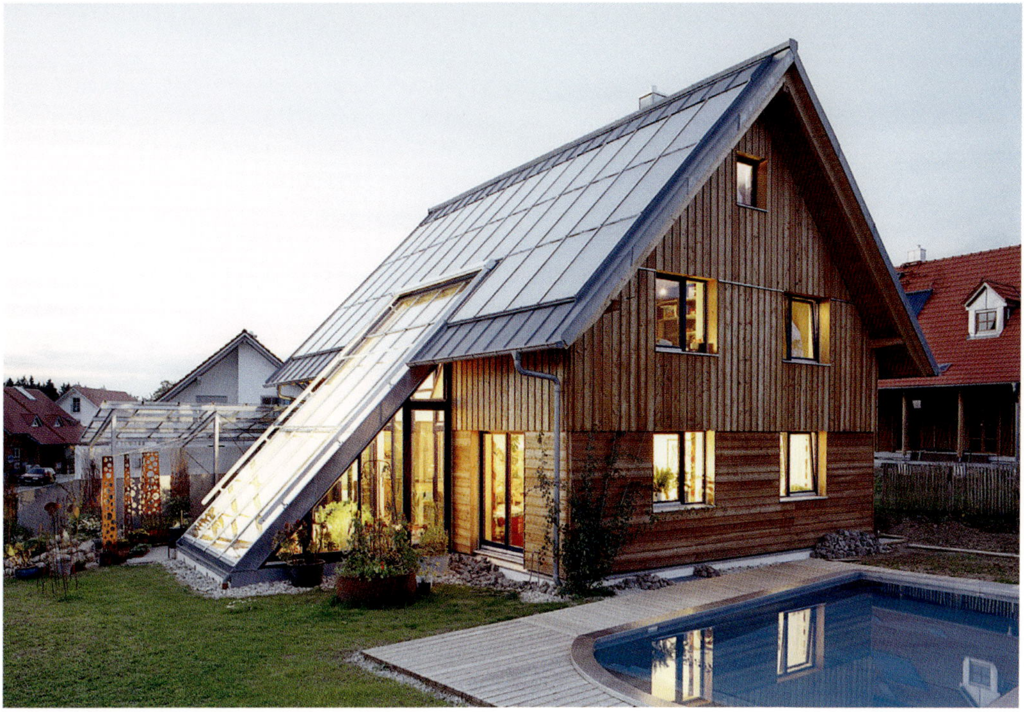

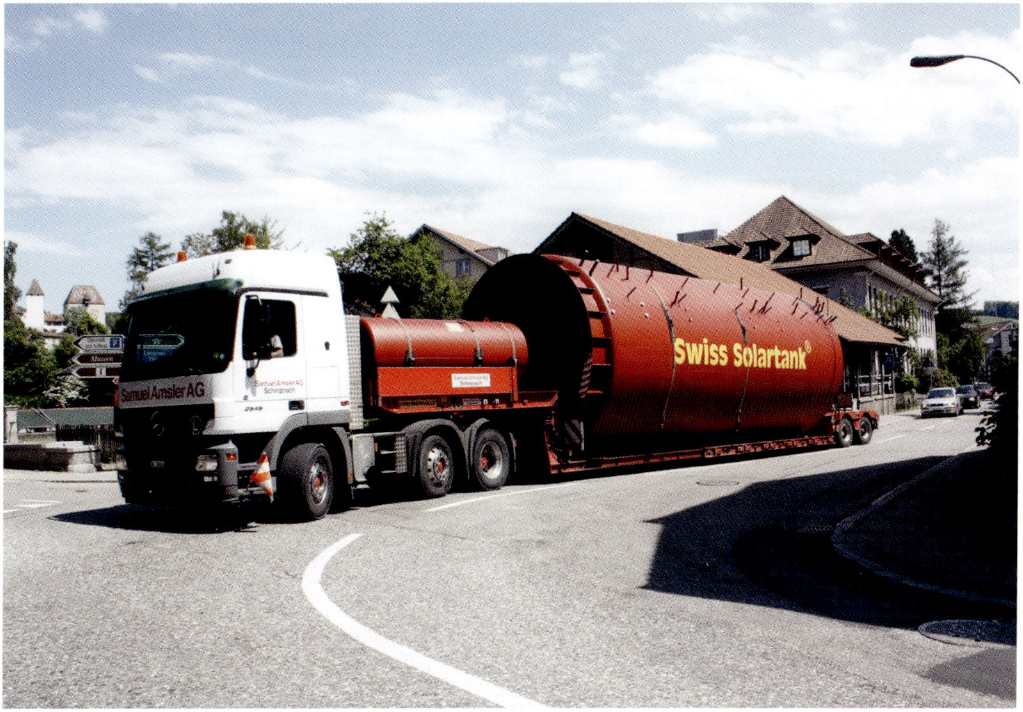
Swiss Solartank®
Samuel Amsler AG

## Wärmespeicher mit Wurzeln in Kaiseraugst

Inspiriert vom Club of Rome:
Firmengebäude in Oberburg

Im Zentrum der Häuser:
Wasserspeicher statt
Heizöltank

■→
Sonne vom Lärmschutzwall:
Kollektoren versorgen
Nahwärmenetz in Crailsheim

Die großen Solarwärmespeicher tragen meistens den Namen Jenni. Auch sie sind ein Produkt des Atomwiderstandes, denn ihre Geschichte beginnt 1975 in Kaiseraugst in der Schweiz. Josef Jenni hat „Die Grenzen des Wachstums" gelesen, den Bericht des Club of Rome. Mit entsprechenden Konsequenzen: „Mir wurde klar, dass wir auf einer begrenzten Erde leben." Als dann im April 1975 in Kaiseraugst nahe Basel die Bauarbeiten für ein Atomkraftwerk beginnen, ist auch er vor Ort. „Ich habe einige Male auf dem Bauplatz übernachtet", sagt der Elektroingenieur später.

Kaiseraugst ist das Wyhl der Schweiz. Ähnlich wie 70 Kilometer nördlich in den südbadischen Rheinauen wird auch das Kraftwerk Kaiseraugst nach den Protesten zu den Akten gelegt. Und ähnlich wie in Wyhl hinterlässt auch dieses Projekt deutliche Spuren in der Gesellschaft. Eine davon führt nach Oberburg bei Burgdorf, wo Techniker Josef Jenni im Jahr 1976 die Firma Jenni Energietechnik gründet. Er will nun Alternativen zur Atomkraft schaffen, er will beruflich für diese kämpfen. Also baut Jenni fortan Solarkollektoren. Nebenbei ist er auch Initiator der Tour de Sol (siehe Seite 58).

Bald spezialisiert Jenni sich auf die Wasserspeicher. Sie werden immer größer, weil die Kunden immer höhere solare Deckungsraten wünschen. Heute kann die Firma Stahltanks mit bis zu 200 Kubikmetern bauen und installieren, wobei das Haus dann zwingend um den Speicher herum gebaut werden muss. Im Jahr 2011 beschäftigt die Firma 70 Mitarbeiter, sie ist damit das größte Solarthermie-Unternehmen in der Schweiz.

Viele der Großspeicher gehen nach Deutschland, Architekt Dasch ist mit seinen Projekten Großkunde. Er gehört im Jahr 2004 zu den Gründern des Sonnenhaus-Instituts in Straubing, nach dessen Kriterien ein Objekt als Sonnenhaus gilt, wenn es mindestens 50 Prozent seines Wärmebedarfs solar deckt. Vor allem in Bayern und Baden-Württemberg werden solche Bauten errichtet, bundesweit gibt es Ende 2010 rund 750 registrierte Sonnenhäuser.

Aber auch die „Altbausolarisierung" – so nennt Architekt Dasch die Sanierung – ist längst eine interessante Option. „Ob Holzhaus oder Massivbau, Alt- oder Neubau: Es gibt immer einen Weg, mit der Sonne zu heizen", sagt Dasch. Das belegte er anschaulich auch an seinem eigenen Haus, einem Einfamilienhaus aus dem Jahr 1958, das zuvor ein typischer Altbau war mit ungenügender Wärmedämmung. Heute bezieht es die Hälfte seines Wärmebedarfes für Warmwasser und Heizung von der Sonne – dank eines Speichers mit 4700 Litern Inhalt.

Das Sonnenhaus-Institut versteht sich als Kompetenznetzwerk. Es hat sich zum Ziel gesetzt, Gebäude, die mindestens die Hälfte ihrer Wärme von der Sonne beziehen, als Baustandard zu etablieren. Wer diesen Deckungsgrad erreichen will, ist gut beraten, sich an einige

Baubeginn:
Wasserspeicher in München,
Ackermannbogen, 2007

■ →

Noch unbedeckt:
Wasserspeicher in München,
Ackermannbogen

▣ →

Am Ende bleibt ein Hügel:
Wasserspeicher in München,
Ackermannbogen

Erfahrungswerte zu halten, die Dasch benennt. So sollte die Kollektorfläche nicht mehr als 30 Grad von der idealen Südausrichtung abweichen. Und je steiler das Dach ist, umso höher wird der Deckungsgrad, denn mit steilem Dach lässt sich die Wintersonne besser nutzen. Zugleich vermeidet man zu hohe Kollektortemperaturen im Sommer.

## Solare Netze: Wärmespeicher im großen Stil

Ein Solarhaus muss nicht zwingend eine Individuallösung sein. Längst gibt es in Deutschland eine Reihe von Wohngebieten, die über ein Wärmenetz an einem saisonalen Großspeicher hängen. So reizvoll das klingt, bisher bereitet diese Technik häufig noch Probleme. Derzeit erreichen viele der Projekte in der Praxis nicht die geplanten Deckungsraten – aus unterschiedlichen Gründen.

Einer der ältesten saisonalen Wärmespeicher steht seit 1996 in Friedrichshafen am Bodensee. Die Anlage im Ortsteil Wiggenhausen verfügt über 4000 Quadratmeter Solarkollektoren und einen Wasserspeicher mit 12 000 Kubikmeter Inhalt. Sie versorgt 382 Wohneinheiten. Der solare Deckungsanteil war ursprünglich auf gut 40 Prozent kalkuliert worden, doch in der Praxis werden bestenfalls 33 Prozent erzielt. In manchen Jahren sind es sogar kaum mehr als 20 Prozent, wie eine Langzeitauswertung durch das Institut für Thermodynamik und Wärmetechnik der Universität Stuttgart ergibt. Gründe sind vor allem eine zu hohe Rücklauftemperatur sowie unerwartet hohe Verluste des Langzeitspeichers.

Auch im Neckarsulmer Stadtteil Amorbach ist die Bilanz bislang enttäuschend. Dort basiert der Speicher auf Sonden, die den Erdboden – in diesem Fall ist es Gipskeuper – aufheizen, um ihm bei Bedarf die Wärme wieder entziehen zu können. Weil sich jedoch die Baugrundstücke in Neckarsulm nicht in dem Maße verkaufen ließen wie geplant, liegt die Wärmeabnahme unter Plan, die Energieverluste der Leitungen sind entsprechend höher. So erreicht man nur einen Deckungsgrad von 40 statt der geplanten 56 Prozent.

Noch größer sind die Probleme in Hamburg-Bramfeld, wo die Ökosiedlung Karlshöhe seit 1997 einen unterirdischen Wärmespeicher nutzt. Es ist ein Tank mit 4500 Kubikmetern Wasser, dessen Inhalt von 2900 Quadratmetern Kollektoren bis nahe an den Siedepunkt erhitzt werden kann. Doch auch hier wird der geplante solare Deckungsanteil von 50 Prozent nie erreicht, in der Praxis liegen die Werte nur zwischen 20 und 30 Prozent. Eine Ursache sind die Wärmeverluste des Speichers, die viermal so hoch sind wie zuvor simuliert. Deswegen wird ein Umbau nötig.

Ein weiterer Wärmespeicher wird im Jahr 2007 in München im Stadtteil Ackermannbogen realisiert. Er fasst 5700 Kubikmeter, das Wasser kann bis auf 95 Grad Celsius aufgeheizt werden. 3000 Quadrat-

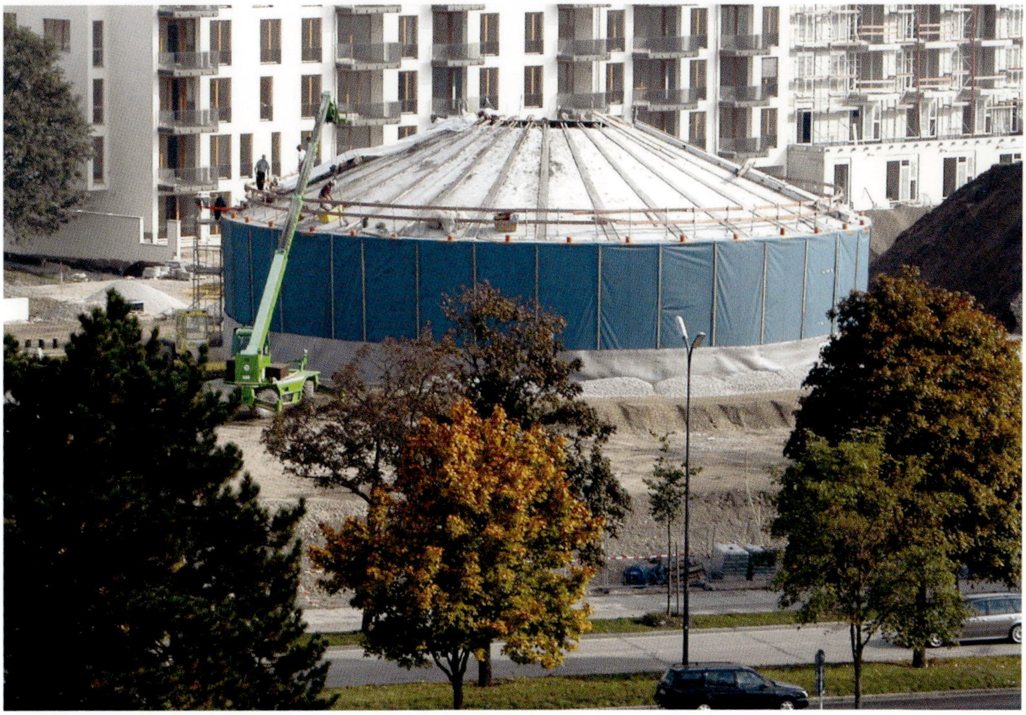

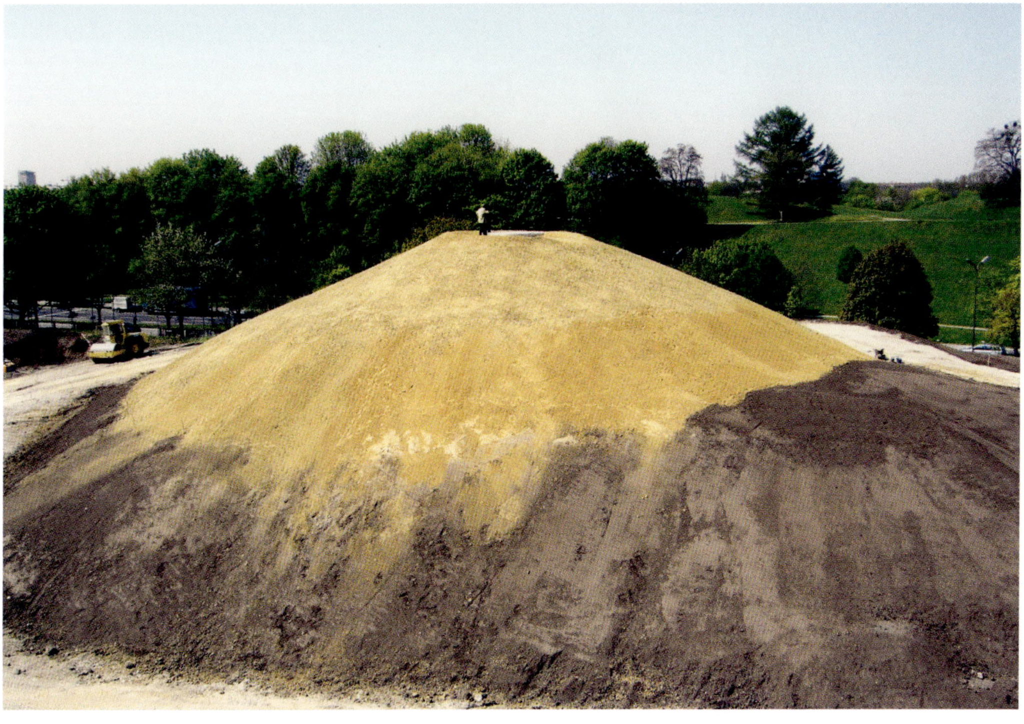

Plant Sonnenhäuser mit
Riesentank: Architekt
Georg Dasch

Solarer Deckungsgrad
von 77 Prozent: Sonnen-
haus Holzapfel in Regen
(Bayerischer Wald)

meter Kollektoren auf den umliegenden Wohngebäuden speisen die Wärme ein. Aber auch hier, so viel deutet sich bereits an, lässt sich der erhoffte solare Deckungsanteil von 50 Prozent kaum erreichen.

Trotz der Rückschläge bleiben Planer dem Thema verbunden. Und so soll nun ein Projekt im schwäbischen Crailsheim den Abschied von den Kinderkrankheiten bringen: Auf dem Areal Hirtenwiesen entsteht derzeit die größte zusammenhängende thermische Solaranlage Deutschlands. Die Kollektoren sind auf einer Sporthalle, auf einer Schule, auf einigen Mehrfamilienhäusern und auf einem künstlich aufgeschütteten Lärmschutzwall angebracht.

10 000 Quadratmeter Kollektoren sollen es am Ende sein, bislang sind 7000 Quadratmeter installiert. Aus diesen beziehen alle Häuser im Neubaugebiet ihre Wärme zum Heizen und fürs Brauchwasser. Man nutzt zwei Kurzzeitspeicher mit 100 beziehungsweise 480 Kubikmetern Wasser sowie einen Langzeitspeicher im Erdboden. Dieser besteht aus 80 Sonden, die 55 Meter in die Tiefe reichen und das Gestein erwärmen. Der dort anstehende obere Muschelkalk ist dafür gut geeignet, er speichert so viel Wärme wie 20 000 Kubikmeter Wasser. Übers ganze Jahr gerechnet sollen die Häuser zu 50 Prozent solar beheizt werden; die erste Bilanz steht noch aus.

Ob die Idee der solaren Netze sich in der Praxis gegen Einzellösungen behaupten wird, werden nun die nächsten Jahre zeigen. Dass das solare Bauen grundsätzlich weiter an Bedeutung gewinnen wird, ist hingegen sicher. Allein schon die Energiepreise werden dafür sorgen – denn der Ölpreis steigt. Im Februar 2011 überschreitet er erstmals seit Herbst 2008 wieder die psychologisch bedeutsame Marke von 100 Dollar pro Barrel.

# Bayerisch-pragmatische Solarförderung

Geldgeschenke und zinslose Kredite – wie Schalkham sich an die Spitze der Solarbundesliga bringt

Eigentlich ist Schalkham eine typische bayerische Landgemeinde. Sie hat knapp 900 Einwohner, eine freiwillige Feuerwehr und eine Landjugend, einen Musik- und einen Sportverein. Und doch ist Schalkham ein wenig anders. Denn die Gemeinde in Niederbayern schenkt ihren Bürgern zeitweise Geld, später gibt sie ihnen zinslose Kredite. Nicht einfach so, natürlich, sondern nur für den Kauf von Sonnenkollektoren.

Bürgermeister Johann Noppenberger startet die Energiewende bald nach seinem Amtsantritt im Jahr 1990: Für jede Solaranlage bezahlt die Kommune jetzt 2000 Mark Zuschuss. Und zwar ganz bayerisch-pragmatisch: „Zuschussrichtlinien gibt es nicht, der Betrag wird nach Fertigstellung der Anlage unbürokratisch gutgeschrieben", teilt Noppenberger mit. Denn er weiß: „Wenn wir die Sache nicht selbst in die Hand nehmen, wird es nie was mit der Energiewende."

Einige Jahre später wird das Fördermodell geändert, ungewöhnlich bleibt es dennoch: Die Gemeinde gibt zinslose Kredite für den Kauf von Sonnenkollektoren. Über acht Jahre hinweg müssen die Solarfreunde die Kredite anschließend tilgen. Günstig

sind die Anlagen außerdem, weil die Bürger des Ortes beim Installieren mitanpacken.

Und so präsentiert sich Schalkham über Jahre hinweg als solarer Spitzenreiter – so viel Solarthermie hat keine andere Gemeinde pro Kopf auf ihren Dächern installiert. Ende 2010 sind es 1,5 Quadratmeter. Schalkham erringt damit immer wieder den Sieg in der Solarbundesliga.

Der Wettbewerb wurde übrigens auf einer Solarmesse im Jahr 2000 geboren, um endlich das Solarengagement der einzelnen Städte und Gemeinden öffentlich präsentieren zu können. „In der Zeitung hatte sich wieder eine Gemeinde mit fraglichen Solardaten gebrüstet", erinnert sich Thomas Hartmann vom Verband der Solar-Einkaufsgemeinschaften in Rottenburg. „Also ging ich mit der Idee auf auf einen Redakteur der Solarthemen zu." Der Fachinformationsdienst und die Deutsche Umwelthilfe präsentieren die Daten seither im Internet: www.solarbundesliga.de. Im März 2011 sind 1640 Kommunen beteiligt.

*Endlich vergleichbare Zahlen: Solarbundesliga*

| Platz | Ort | Einwohner | Thermie | Absorber | Wärme | Land |
|---|---|---|---|---|---|---|
| | | 863 | 1.275,00 | 63,0 | 1,529 | BY |
| 1 | Schalkham | 252 | 383,00 | 0,0 | 1,520 | TH |
| 2 | Braunsdorf | 100 | 112,80 | 0,0 | 1,126 | RP |
| 3 | Schwerbach | 1.239 | 1.303,80 | 32,0 | 1,070 | BY |
| 4 | Niederbergkirchen | 947 | 1.001,07 | 14,0 | 1,067 | BY |
| 5 | Ingenried | 787 | 775,00 | 36,0 | 1,017 | RP |
| 6 | Rettenbach am Auerberg | 276 | 272,00 | 0,0 | 0,986 | BY |
| 7 | Breit | 819 | 787,43 | 0,0 | 0,961 | BY |
| 8 | Gollhofen | 1.271 | 1.162,14 | 0,0 | 0,914 | SH |
| 9 | Feichten a.d.Alz | 436 | 398,10 | 0,0 | 0,913 | BY |
| 10 | Rodenäs | 1.350 | 1.178,00 | 0,0 | 0,873 | BY |
| 11 | Kienberg | 1.260 | 1.098,18 | 0,0 | 0,872 | BY |
| | | | 1.090,00 | | 0,865 | BY |
| | | | | | 0,839 | BY |

Der Beginn einer neuen
Solarepoche: Die Solar-Fabrik
in Freiburg fertigt Module
und deckt ihren Energiebedarf
aus erneuerbaren Energien

JAHR
**1993**

KAPITEL
**08**

# Abschied der Großen,
# die Kleinen kommen

Als die Photovoltaik langsam in die Gänge kommt, haben RWE & Co.
das Interesse verloren – nun ergreifen Mittelständler die Chance

Übernimmt das ISE in schwerer Zeit: Joachim Luther

„In Alzenau passiert noch viel per Handbetrieb. Zwar gibt es bereits eine kleine Maschine, die die Solarzellen verdrahtet und in einer Reihe anordnete, doch muss immer noch ein Arbeiter daneben stehen, um die häufig auftretenden Verkantungen zu beseitigen. Zum Trocknen werden die Module auf Holztische gelegt. Auch das Anbringen der Klemmen, die beide Modulseiten während des Trocknungsprozesses zusammenhalten, ist Handarbeit. Da dürften den Japanern die Lachtränen kommen."

*taz, 28. Juni 1995*

Adolf Goetzberger sieht keinen anderen Ausweg mehr, er wendet sich an die Medien. Das Fraunhofer-Institut für Solare Energiesysteme (ISE) befinde sich in einer „existenzbedrohenden Lage", sagt er. Schuld ist eine neue Politik des Ministeriums; statt Forschung wird jetzt vor allem Demonstration gefördert. Zahlreiche Förderanträge des ISE sind daher gerade abgelehnt worden.

Der Wissenschaftler wählt deutliche Worte: Wenn sich in den nächsten zwei Monaten nichts ändere, stehe das ISE „1994 vor dem finanziellen Aus". Es ist der 17. August 1993, als dies in einer Presseerklärung nachzulesen ist. Zugleich schreibt Goetzberger an alle Parteien im Bundestag und wendet sich an den Petitionsausschuss, um den Fortbestand des Freiburger Institutes zu sichern.

Die Aktion ist Goetzbergers letzter Auftritt in Diensten des ISE. Wenig später wird er in Ruhestand gehen und seine Geschäfte an Joachim Luther weitergeben, der zuvor Professor für Experimentalphysik an der Universität Oldenburg war. Mit inzwischen 240 Mitarbeitern ist das ISE durchaus gut gediehen, doch zugleich steckt es in der Krise, in einer politischen Krise.

Es ist eine Zeit, in der die Sonnenenergie allenthalben politische Unterstützung sucht – und sie dann zumeist doch nicht findet. 1973 hatte die erste Ölkrise die Sonne auf die Erde gebracht, sechs Jahre später hatte die zweite Ölkrise sie erneut in den Fokus gerückt. Dann kam 1986 Tschernobyl. Und jetzt? Das 1000-Dächer-Programm läuft gerade aus, ein Nachfolger ist nicht absehbar. Politik und Bürger schauen gebannt auf den deutschen Osten, auf eine Entwicklung, die noch zu jung ist, um anderen Themen Raum zu bieten. Goetzberger schmerzt es sehr, sein Institut in so schlechten Zeiten seinem Nachfolger übergeben zu müssen.

Dabei ist er Kummer gewohnt, er hat in den letzten Jahren oft Tiefschläge einstecken müssen. Gerade zwei Jahre ist es her, dass ein Mitarbeiter des Forschungsministeriums ihm sagte: „Machen Sie sich keine Mühe, einen Nachfolger zu suchen, wir werden das Institut ohnehin schließen." Das ist zwar nie offizielle Meinung des Ministeriums gewesen. Und dennoch macht die Aussage deutlich, wie sehr die Solarenergie in der Forschungslandschaft zu dieser Zeit noch eine Exotenrolle einnimmt. Dass das ISE erhalten bleibt, ist Goetzbergers Verdienst. Denn er verkörpert bis zu seinem Abschied in den Ruhestand den exzellenten wissenschaftlichen Ruf des Instituts.

So übersteht das Fraunhofer ISE das neue Desinteresse an der Sonne besser als die deutsche Photovoltaikindustrie. Die nämlich steht Mitte der 90er Jahre vor einem wirklichen Scherbenhaufen. Die etablierten Firmen sehen keinen Markt mehr. Und oft wollen sie ihn auch nicht sehen.

Die Firma Siemens Solar, eine Tochter des Weltkonzerns und des bayerischen Strommonopolisten Bayernwerk, schließt 1994 ihre Fertigung in München. Fortan vertreibt das Unternehmen nur noch Module von Arco Solar, dem weltgrößten Photovoltaikanbieter aus dem kalifornischen Camarillo. Im Februar 1989 hatte Siemens die einstige Tochter des Ölmultis Atlantic Richfield Company übernommen. Diese ist eigentlich gut positioniert: Bei einer Weltproduktion von 70 Megawatt stammt Mitte der 90er Jahre rund ein Fünftel der Zellen aus Camarillo. Trotzdem macht das Unternehmen Verluste in zweistelliger Millionenhöhe.

Die Verluste sind auch durch die geringe Automatisierung bedingt, die in der gesamten Branche herrscht. In München werden bis zur Schließung des Werkes die Glasscheiben der Module von Hand auf die Bänder gelegt, Kontakte werden manuell verlötet, selbst die Verpackung erfolgt fast maschinenfrei. Solarmodule sind zu dieser Zeit Manufakturware. „Jeder mittelständische Konservenhersteller erreicht einen höheren Automatisierungsgrad als die Solarproduktion der Hightechfirma Siemens", wundert sich *Der Spiegel*.

Die Firma ASE spürt die Krise ebenfalls. Die gemeinsame Tochter von RWE und Daimler Benz wurde 1994 gegründet. Unter ihrem Dach sind inzwischen – vom Siemens-Geschäft abgesehen – alle deutschen Solarfabriken vereinigt. Auch die ASE denkt mehr an Rückzug denn an Ausbau, sie schließt Ende 1995 die Modulfertigung in Wedel. Zwar hält sie die Zellenfertigung in Alzenau und Heilbronn am Leben, und auch eine Pilotfertigung amorpher Siliziumzellen der Phototronics in Putzbrunn (inzwischen ebenfalls eine ASE-Tochter) bleibt erhalten.

Dennoch entsteht in der Öffentlichkeit der Eindruck, die Solarzellenfertigung habe sich komplett aus Deutschland zurückgezogen. Das liegt einerseits daran, dass das Werk Heilbronn klein (Produktionsmenge: 100 Kilowatt jährlich) und zudem auf Zellen für die Raumfahrt spezialisiert ist; Alzenau und Putzbrunn andererseits sehen sich jeweils als Pilotfertigung und konzentrieren sich auf Zellen für Forschung und Entwicklung – also nicht auf den Massenmarkt. „Solarzellen sterben aus", formuliert deshalb die Tageszeitung *taz* im Juni 1995. Und *Der Spiegel* schreibt im Dezember 1995: „Deutschland ist damit paradoxerweise im Begriff, aus einem gerade anfahrenden Zug auszusteigen."

Paradox ist das richtige Wort, denn just in dieser Zeit entwickelt sich der Absatz recht gut. Deutschland erlebt 1995 mit 4,5 Megawatt den größten Zubau in der Photovoltaikgeschichte – nachdem 1992 bis 1994 nur jeweils etwa drei Megawatt installiert wurden. Die Entwicklung hängt auch damit zusammen, dass langsam das Argument Klimaschutz bei den Menschen ankommt.

Frühe Photovoltaik: Anlage in Aachen

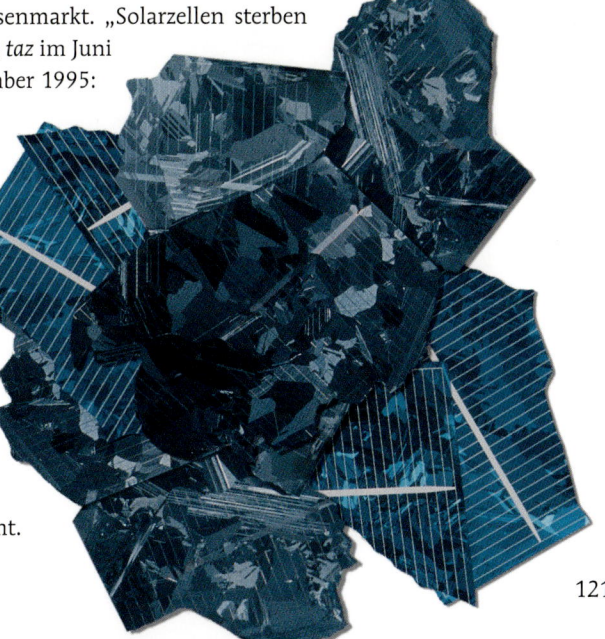

Nur noch ein Scherbenhaufen: die Solarbranche im Jahr 1995

121

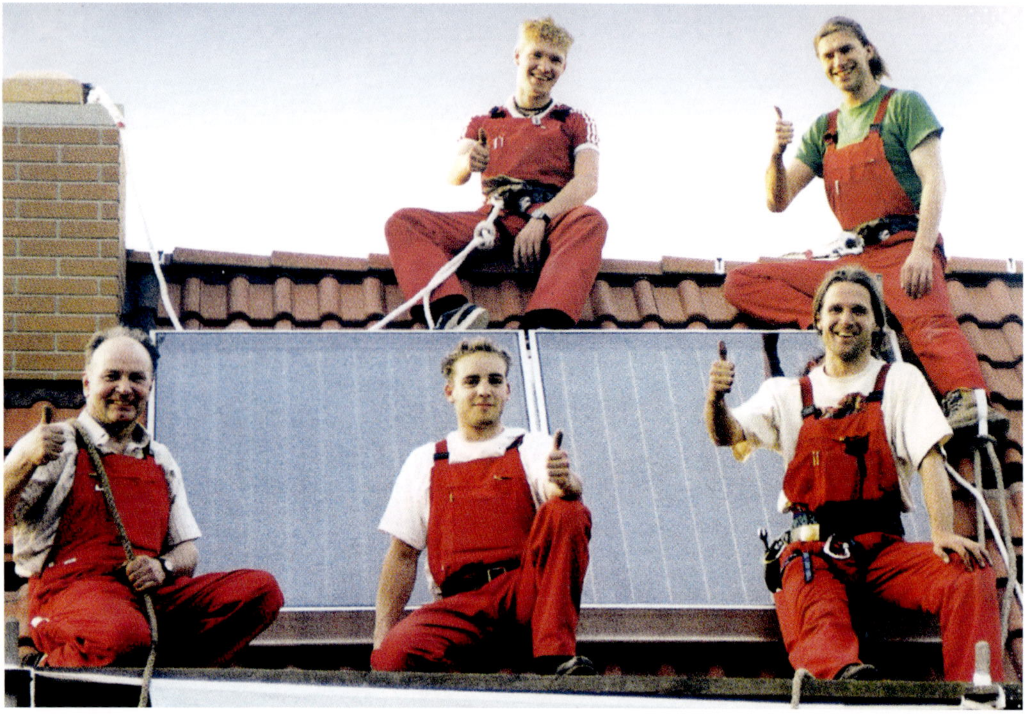

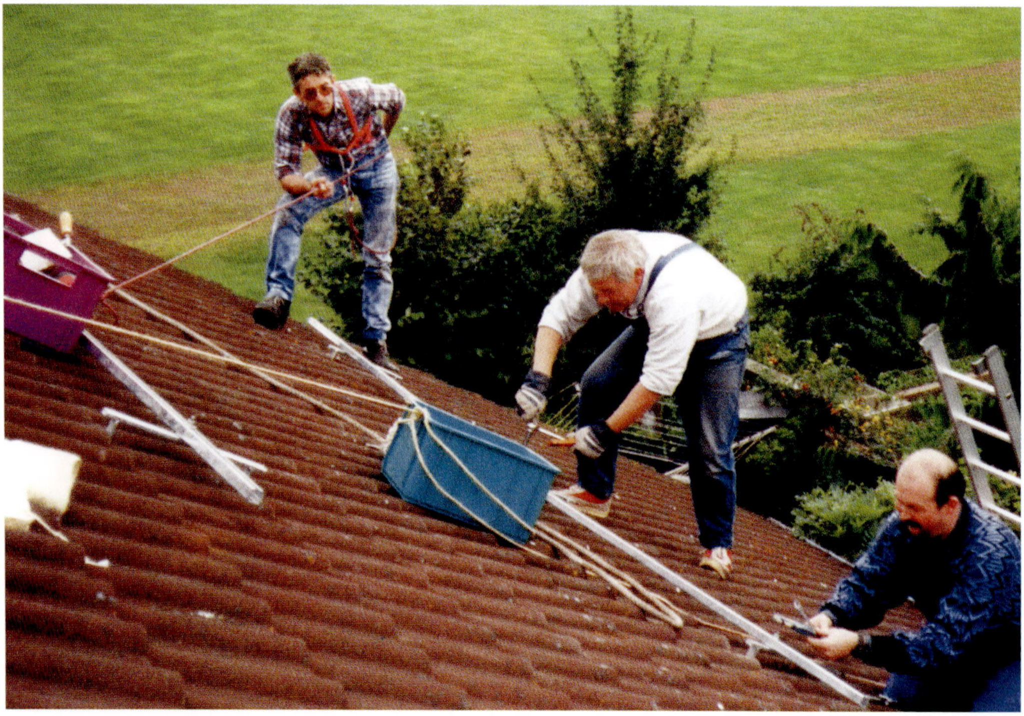

## Erfolg für die Sonne, Ärger in der Branche – das Phönix-Projekt

Einfacher und billiger als mit Solarstrom ist der Klimaschutz jedoch vorerst mit der Solarthermie zu erzielen. Deswegen überwindet die Sonnenwärme das Phlegma der frühen 90er Jahre auch schneller als die Photovoltaik.

Aribert Peters hat daran einen gewichtigen Anteil. Er hat 1987 den Bund der Energieverbraucher (BdE) gegründet und möchte den Erfolg, den man in Österreich mit Selbstbauanlagen erzielt hat, auf Deutschland übertragen. Und er möchte noch einen Schritt weiter gehen: Die Anlagen sollen komplett von professionellen Herstellern geliefert werden. Die Montage kann dann wahlweise im Selbstbau erfolgen oder durch einen Handwerker.

Mit dem Ziel, möglichst viele Anlagen möglichst preisgünstig auf den Markt zu bringen, schreibt der Bund der Energieverbraucher bald ein Anlagenpaket öffentlich aus. Es soll Kollektoren mit 4,7 Quadratmetern umfassen, einen Speicher mit 300 Litern Inhalt und ein Ausdehnungsgefäß. So will der Verband in großem Stil Solaranlagen preiswert einkaufen und vermarkten. „Phönix" heißt die Aktion, sie startet im April 1994.

Erwartungsgemäß bringt das Projekt die Preise gehörig ins Rutschen. Während ein vergleichbares System am Markt noch 12 000 Mark kostet, kann der Bund der Energieverbraucher seine Anlage bereits für 5250 Mark anbieten. Lediglich der Handwerkerlohn kommt noch hinzu, sofern man die Technik nicht selbst installiert. Später vermarktet der Verband sogar vier Anlagenvarianten, auch größere mit Heizungsunterstützung.

Greenpeace und der Bund für Umwelt und Naturschutz propagieren das Projekt ebenfalls, während der BdE sogar darüber nachdenkt, eine eigene Kollektorfertigung aufzubauen. Diese realisiert er am Ende dann doch nicht, sondern beschränkt sich weiterhin auf die Vermarktung, vor allem, indem er Zehntausende von Videos verschenkt. Für die Hilfe bei der Eigeninstallation schult der Verband deutschlandweit etwa 400 Phönix-Berater. Sie bekommen für ihre Hilfe anfangs nicht mehr als eine Aufwandsentschädigung, erst später gibt es wirkliche Provisionen. Einige Solarfirmen gehen bald aus dem Projekt hervor.

Die Aktion ist sehr erfolgreich. Zeitweise erlangt Phönix in Deutschland einen Marktanteil von 20 Prozent und ist damit die Nummer eins im Solarmarkt. Längst werden Förderkonditionen der öffentlichen Hand mit Phönix abgestimmt. Und die Tageszeitung *taz* freut sich im Januar 1996 darüber, dass der BdE den „schon totgesagten Solarmarkt in Deutschland wieder etwas angekurbelt" habe.

Aber: Große Teile der Solarbranche sind verstimmt. Die Anbieter sprechen von Preisdumping, sehen eine Wettbewerbsverzerrung. Gerhard Stryi-Hipp ist zu dieser Zeit Geschäftsstellenleiter des Deutschen Fachverbands Solarenergie (DFS), in dem gut 40 Hersteller zusammengeschlossen sind. Die Phönix-Berater würden entweder „langfristig keine

Bringt Solarfirmen gegen sich auf: Aribert Peters

„Wir haben im vergangenen Jahr bei einem Umsatz von 60 Millionen Mark 40 Millionen Mark Verluste gemacht."

*Ulrich Aderhold,
Geschäftsführer der Firma
Angewandte Solarenergie
(ASE), im Februar 1996*

←
Wichtige Marktstimulation oder Dumpingprojekt? Die Aktion Phönix

←
Vorbild Österreich: Selbstbau ist Teil des Phönix-Projektes

Ruin für die Solarbranche?
Das Cyrus-Projekt

gute Arbeit leisten oder nicht lange auf dem Markt bleiben", vermutet er. Denn Dumpingpreise seien nicht dauerhaft marktfähig. Ohnehin seien auftretende Mängel erfahrungsgemäß zu 90 Prozent der Installation zuzuschreiben. Wenn sich die Sonnenenergie durchsetzen solle, müsse in die Ausbildung von Fachhandwerkern investiert werden – nicht in den Selbstbau.

Allen Protesten zum Trotz wird das Phönix-Projekt ein Erfolg. Der Absatz steigt, und es fallen die Preise, womit die etablierten Hersteller unter Druck geraten. Sie müssen sich nun etwas einfallen lassen, auch sie müssen die Preise senken und künftig einen Mehrwert bieten – so tritt die Branche die Flucht nach vorne an. Zum Beispiel die Firma Solvis in Braunschweig: Das Unternehmen wird in dieser Phase zum Systemanbieter und nimmt die gesamte Heizungstechnik ins Programm.

## Der gleiche Ärger auch in der Photovoltaik – die Aktion Cyrus

In der Photovoltaik nimmt sich unterdessen Greenpeace den Aufbau eines Marktes vor: In einer Studie der Ludwig-Bölkow-Systemtechnik lässt der Umweltverband im Herbst 1995 ausrechnen, was der Aufbau einer großen Solarfertigung kosten wird und welche Preissenkungen daraus resultieren können.

Das Ergebnis ist deutlich: Eine Fertigungslinie mit fünf Megawatt Jahresausstoß könnte den Preis einer Zwei-Kilowatt-Standardanlage, der zu dieser Zeit noch bei rund 35 000 Mark netto liegt, auf 22 000 Mark senken. Eine Fabrik vierfacher Größe könnte den Preis sogar auf unter 19 000 Mark bringen. Die Investitionen sind überschaubar: 13,5 Millionen Mark für die kleine Fabrik, 26,1 Millionen Mark für die große.

„In nahezu jedem Fertigungsschritt steckt noch erhebliches Kostenreduktionspotenzial", bilanziert die Studie. Denn es gebe „weltweit keine Photovoltaikproduktion, in der die besten heute verfügbaren Herstellungsprozesse auf modernen Maschinen in industriellem Maßstab realisiert werden." Für eine Branche, in der sich über Jahre hinweg die großen Technologiefirmen des Landes tummelten, ist das Fazit der Gutachter beschämend: Alle bisher existierenden Fertigungen hätten „mehr oder weniger Pilotcharakter".

Greenpeace sucht nun Menschen, die grundsätzlich bereit sind, eine Zwei-Kilowatt-Anlage zu kaufen. Und es werden zugleich Anbieter gesucht, die Anlagen mit zwei Kilowatt für unter 29 400 Mark offerieren können. Das Projekt heißt „Cyrus". Der Branchenverband DFS findet auch dieses – wie schon zuvor die Phönix-Aktion – gar nicht lustig: Greenpeace betreibe „den Ruin und das Ende der großen Mehrheit der Photovoltaikhändler". Statt eines florierenden Marktes werde ein Scherbenhaufen zurückbleiben. Greenpeace-Kampagnenleiter Sven Teske sagt später: „Der Protest der Händler hat uns völlig überrascht und schockiert."

> „Obwohl die Deutschen weltweit führend bei der Erforschung und Entwicklung der Photovoltaik sind, kommt hierzulande kein Markt in Gang. Ganz im Gegenteil: Sämtliche deutschen Hersteller von Solarmodulen haben inzwischen ihre Produktion in die Vereinigten Staaten verlagert."
>
> „Die Zeit", 23. Februar 1996

■→
Reinheitsgebot: Solarstrom für die Freiburger Ganter-Brauerei

■→
Erste Solarliga: Stadion des SC Freiburg an der Dreisam

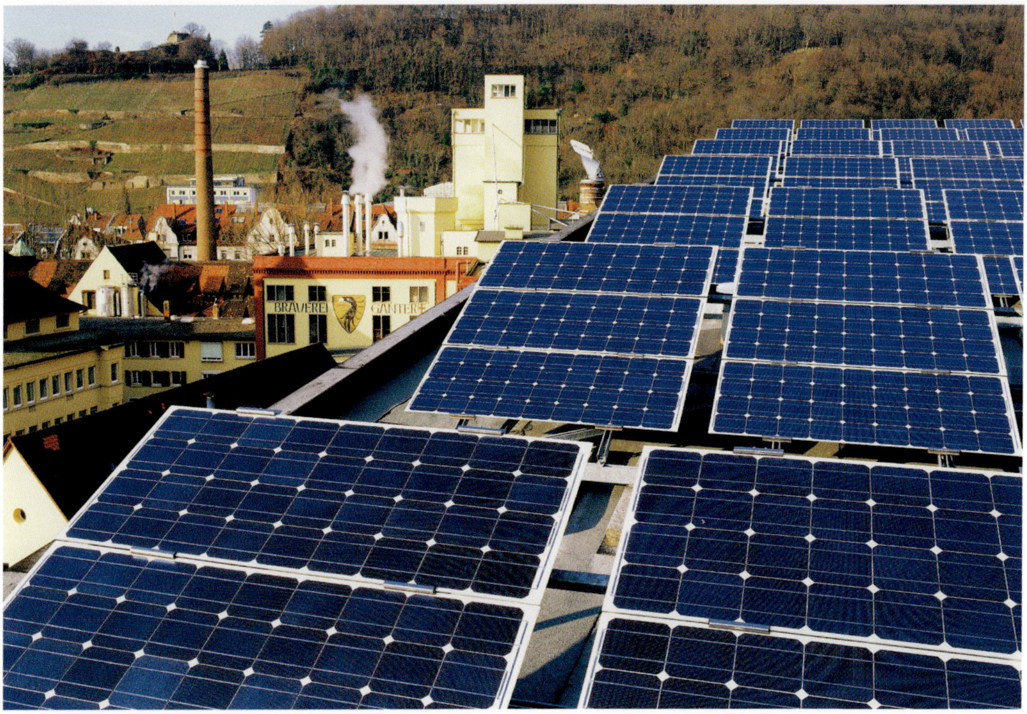
BRAUEREI GANTER

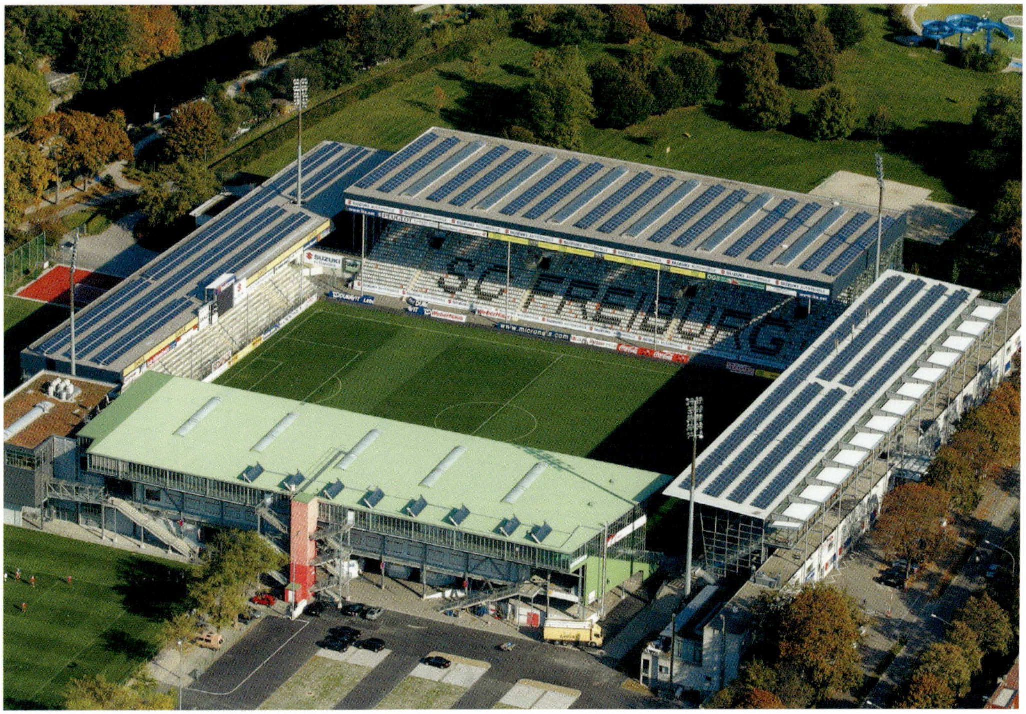
SC FREIBURG
SUZUKI

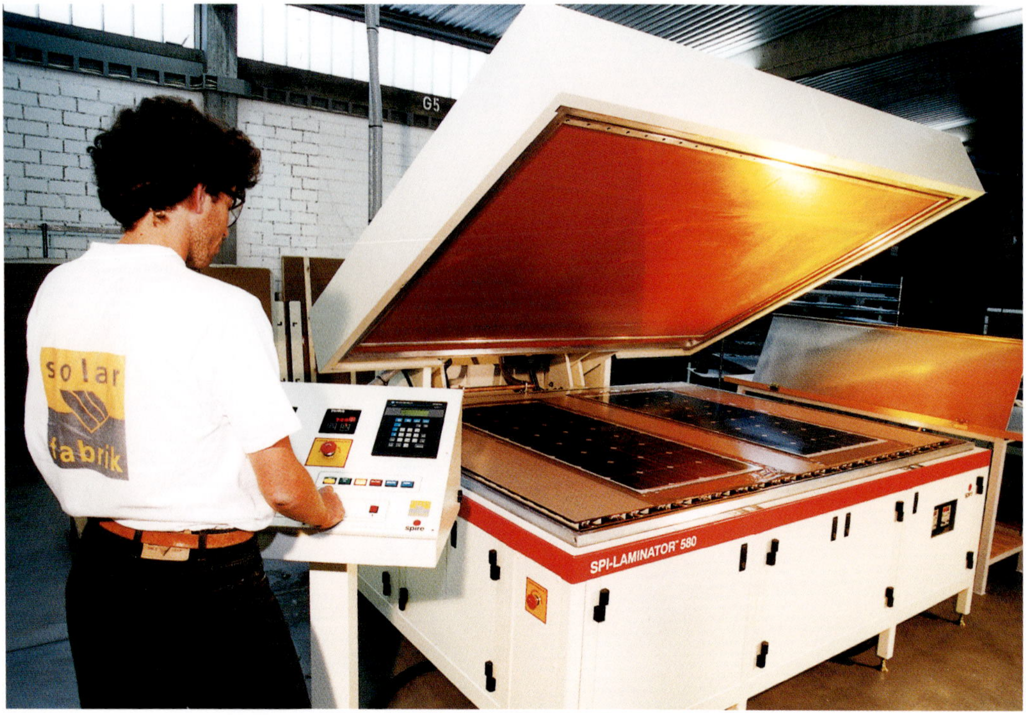
solar
fabrik
SPI-LAMINATOR 580
spire
G5

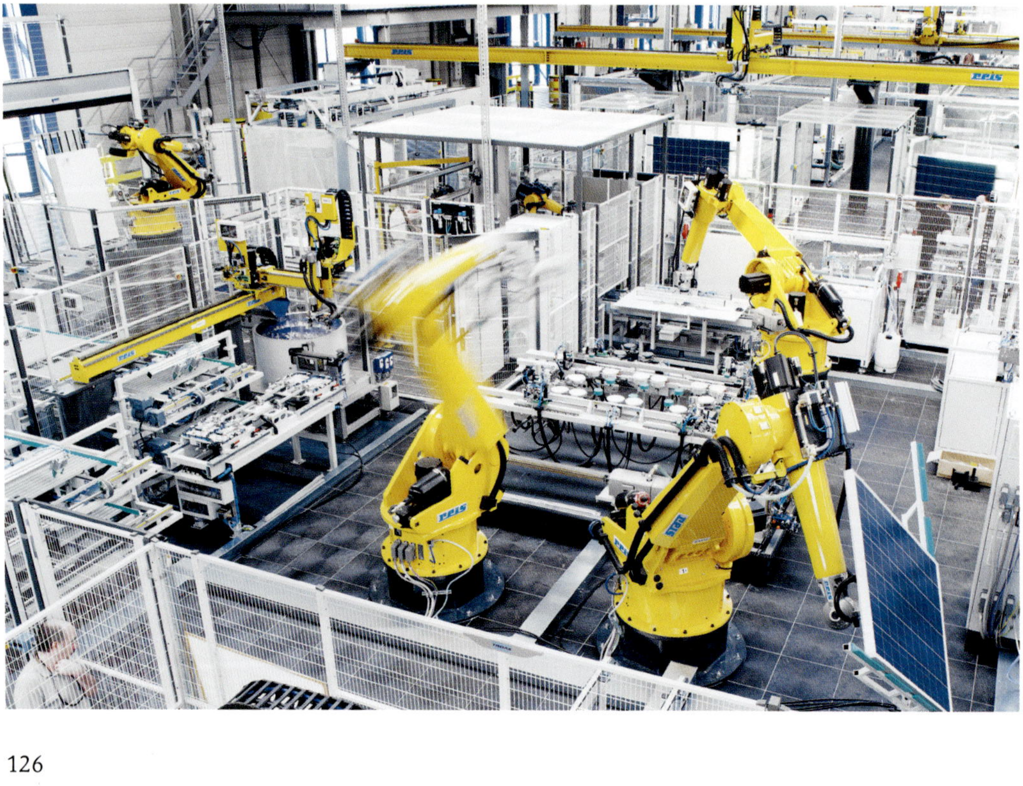

Zu einem Erfolg wird aber auch diese Aktion. Bei Greenpeace melden sich mehr als 4400 Kaufinteressenten. Mit deren Absichtserklärungen will die Umweltorganisation beweisen, dass es in Deutschland sehr wohl einen Markt für Photovoltaik gibt. Unternehmen wie die RWE-Tochter ASE oder Siemens Solar, die stets erklärten, eine Solarfabrik könne in Deutschland nicht rentabel arbeiten, hätten, so Greenpeace, „die Markteinführung der Photovoltaik nie ernsthaft verfolgt". Gleichwohl kassierten sie über die Jahre Hunderte Millionen Mark Fördergeld.

Greenpeace fordert nun im nächsten Schritt per Zeitungsannonce Unternehmen auf, Angebote abzugeben. Es melden sich 45 Firmen, fünf davon halten die strengen Kriterien ein, die Greenpeace anlegt. Die günstigsten Angebote liegen bei 13 500 Mark pro Kilowatt, das ist in dieser Zeit fast revolutionär. Die Unternehmen bekommen nun die Adressen der Interessenten. Und nebenbei bringt Greenpeace die Photovoltaik in großem Stil in die Medien, was auch einen enormen Wert hat.

Zwei Firmen bauen schließlich eine Photovoltaikproduktion in Deutschland auf: Die eine ist die Berliner Firma Solon, die im November 1996 nach vielen Jahren der Vorarbeit gegründet wird, die andere ist die Solar-Fabrik in Freiburg.

Solaranlagen statt Fertighäuser:
Georg Salvamoser

## Ein Querdenker mit Spürsinn – Salvamoser steigt ein

Georg Salvamoser ist einer der Pioniere, die an die große Zukunft der Sonnenenergie glauben. Schon im Jahr 1991 gibt er seinen Job als kaufmännischer Leiter einer florierenden Fertigbaufirma auf, um sich künftig dem Vertrieb von Solarstromanlagen zu widmen. Er baut in Freiburg die Installationsfirma Solar-Energie-Systeme auf.

Seine Erfolge können sich sehen lassen. Er belegt das Stadion des Fußball-Bundesligisten SC Freiburg mit Solarzellen und sorgt damit für bundesweites Medienecho. Er etabliert die neue Kraftquelle frühzeitig auf einigen Firmendächern Freiburgs. So gehen im Jahr 1995 von 340 Kilowatt auf Freiburgs Dächern 220 Kilowatt auf Salvamoser zurück.

Aber natürlich ist das nur der Anfang. Im Februar 1996 kündigt der Unternehmer an, er werde künftig in Freiburg Photovoltaikmodule herstellen. Die Zellen will er zukaufen. Dass Siemens Solar und RWE der Photovoltaik gerade wenig Zukunft geben, kann ihn nicht schrecken. Er werde mit der Solarfabrik im Jahre 2000 schwarze Zahlen schreiben, prophezeit er. Die Berliner Tageszeitung *taz* jubelt: „Ein Hoffnungsträger."

Salvamoser behält recht. Ohne jegliche öffentliche Förderung oder Bürgschaft gelingt es ihm, die Solar-Fabrik am angeblich zu teuren Produktionsstandort Deutschland in die Gewinnzone zu führen. Er startet mit einer jährlichen Kapazität von fünf Megawatt, das ist immerhin das Fünffache dessen, was ASE in Wedel zuletzt produzierte. *Der Spiegel*

← ▄

Anfänge einer Branche:
Laminator in der Solar-Fabrik,
Ende 90er Jahre

← ▄

Riesenschritt nach vorne:
Fertigung in der Solar-Fabrik,
zehn Jahre später

attestiert dem Freiburger Unternehmer nun, eine „Symbiose aus Geschäftssinn und Gemütlichkeit“ zu sein, die Deutsche Bundesstiftung Umwelt nennt ihn einen „Querdenker mit unternehmerischem Spürsinn“. Im Juli 2002 bringt Salvamoser sein Unternehmen an die Börse.

## Der Traum eines jeden Marketingexperten – die SAG

„Wollten wir deutlich mehr Solarstrom als etwa zwei Prozent unseres derzeitigen Strombedarfs gewinnen, so müssten wir vor allem Solarstrom, im Sommer gewonnen, langzeitig bis in den Winter und hinein ins Frühjahr speichern. Der dazu nötige Aufwand ist intolerabel hoch.“

*Professor Klaus Heinloth, Rheinische Friedrich-Wilhelms-Universität Bonn, Oktober 1999*

Zum Spürsinn des gebürtigen Bayern gehört auch die Gründung der Solarstrom AG (SAG) im Sommer 1998. Das Geschäftsmodell des Unternehmens besteht darin, große Solaranlagen zu errichten, um den sauberen Strom gewinnbringend an Energieversorger zu verkaufen, die bereit sind, diesen angemessen zu vergüten – es ist die Zeit vor dem Erneuerbare-Energien-Gesetz wohlgemerkt, für eingespeisten Solarstrom bezahlen die meisten Versorger nur rund 17 Pfennig je Kilowattstunde.

Die SAG ist die Antwort der Solarwirtschaft auf die gerade begonnene Liberalisierung des europäischen Strommarktes: Weil die Kunden mittlerweile ihren Stromversorger wählen können, ist die Zusammensetzung des Strommixes für jeden Anbieter zur Imagefrage geworden.

Erstmals können in diesem Sommer die Kunden selbst entscheiden, ob sie Atomstrom oder aber umweltgerecht erzeugten Strom beziehen. Anbieter, die ihren kritischen Kunden kein sauberes Angebot machen können, werden diese früher oder später verlieren. Aufgrund dieser neuen Freiheiten spricht SAG-Vorstand Harald Schützeichel von „Absatzmöglichkeiten für Solarstrom in bisher nicht gekannter Größenordnung“.

In Frankfurt präsentieren Salvamoser und Schützeichel ihr Konzept der Öffentlichkeit. Sie suchen Investoren für ein Unternehmen, das Solaranlagen betreiben und mit dem Verkauf von Solarstrom Gewinne machen will. Es ist ein Ansinnen, das in dieser Zeit durchaus verwegen erscheint.

Der Slogan der SAG ist schlicht: „Deutschlands erste Solaraktie ist da.“ Sie legt damit einen Start hin, wie ihn Marketingexperten sich erträumen. Denn ohne bezahlte Werbung fließen binnen acht Wochen fast 16 Millionen Mark aus allen Teilen der Republik nach Freiburg; allein durch die Berichterstattung der Medien wird die Aktie zum Renner. Wenn es noch eines Beweises bedurft hätte, wie sehr die Bürger im Land sich inzwischen nach der Sonnenwende sehnen – dies ist er.

16 Millionen Mark akquiriert – ohne Werbung: SAG Solarstrom AG in Freiburg

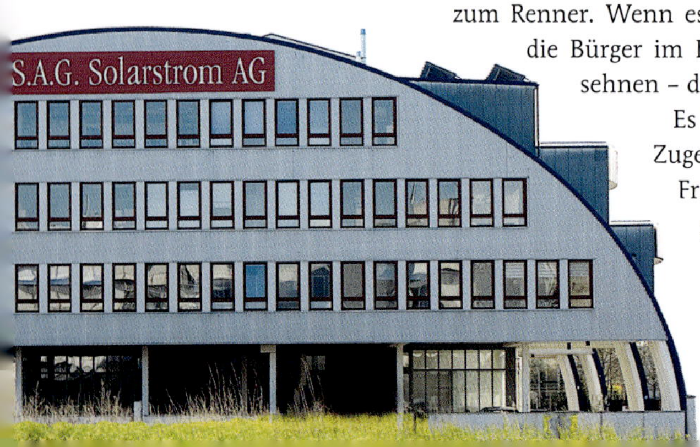

Es kommen nicht einmal alle Interessenten zum Zuge. Die Hamburger Zeitung *Die Woche* kürt die Freiburger Manager daraufhin zu „Sonnenkönigen“. Und das Magazin der Wochenzeitung *Die Zeit* bewundert den „Mix aus ökologischer Unbedenklichkeit, Hightech und Moral“.

## Neuaufbau in engem Kontakt zu den Unis

So wächst, während die deutsche Industrie-Elite im Solarsektor abtritt, eine neue Generation von Solarunternehmen heran. Sie ist politisch geprägt und mittelständisch organisiert. Sie hat – anders als einst RWE – die umweltbewusste Bevölkerung hinter sich. Und sie ist technologisch visionär. Im Unterschied zu den 80er Jahren steht sie in engem Kontakt mit Universitäten und Forschungsinstituten.

Eine typische Keimzelle dieser neuen Solarwirtschaft findet man in Konstanz, wo Professor Ernst Bucher der Solarenergie auch in den trüben Zeiten die Treue gehalten hat. Es ist ein Sonntagnachmittag im Jahr 1993, als Peter Fath, Diplomand an der Universität Konstanz, im Labor an einer Solarzelle herumtüftelt. Er will durch eine Strukturierung der Oberfläche die Ausbeute der Zelle erhöhen. Getrieben von „einer Art kreativer Langeweile", wie er später sagt, fräst er winzige Rillen in die Zelle. Er wendet seine Siliziumscheibe und versieht auch die andere Seite – um 90 Grad verdreht – mit ganz feinen V-förmigen Riefen.

Damit ist die Zelle transparent geworden, an den Kreuzungspunkten der Rillen sind mikroskopisch kleine Löcher entstanden. Sofort wird dem Physiker klar, dass dieses Produkt einen Markt finden könnte. Fath spricht mit Professor Bucher, und bald schon führt die Universität Verhandlungen mit Solarfirmen über Lizenzverträge.

Von der Presse
zum Sonnenkönig geadelt:
Harald Schützeichel

Der Zuschlag geht 1997 an das kleine Unternehmen Sunways in Konstanz, weil der Universität die Zusammenarbeit mit der jungen, ortsansässigen Firma am sinnvollsten scheint. Sunways ist ein Unternehmen, das seit 1996 als Großhändler für Photovoltaikmodule bundesweit auf dem Markt ist und sich außerdem mit der Entwicklung von Wechselrichtern einen Namen gemacht hat. So beginnt im Juni 1999 im Konstanzer Gewerbegebiet Wollmatingen die Fertigung der transparenten Solarzellen. Und die Forschung wird am Ort später weiter ausgebaut, indem Professor Bucher nach seiner Emeritierung im Jahr 2005 das International Solar Energy Research Center (ISC) Konstanz gründet.

Parallel zum Aufbau der Sunways-Fertigung werden plötzlich aber auch jene etablierten Unternehmen wieder aktiv, die noch wenige Jahre zuvor die Photovoltaik abgeschrieben hatten. Am Traditionsstandort Alzenau eröffnet im August 1998 die RWE-Tochter ASE nach eigenem Bekunden „die erste industrielle Fertigungslinie für Solarzellen in Deutschland". Die 13-Megawatt-Zellenfabrik sei „weitgehend automatisiert", die Fertigung erfolge von der Reinigung bis zur Endkontrolle in Form von Durchlaufprozessen, was „weltweit ein Novum" sei.

Neben der im Markt etablierten Standardzelle von 100 mal 100 Millimetern wird in der neuen ASE-Anlage ein zweites, größeres Format von 100 mal 150 Millimetern gefertigt. Die Herstellung der kristallinen Siliziumwafer erfolgt nach einem besonderen Folienziehverfahren. Es trägt das Kürzel EFG, Edge-defined Film-fed Growth, was so viel heißt wie kantendefiniertes Filmwachstum.

„Es lohnt sich nicht,
fünf Modulproduktionen
am Leben zu halten,
die alle unwirtschaftlich
produzieren."

*Karl-Wilhelm Otto,*
*RWE Energie AG,*
*im Juni 1995*

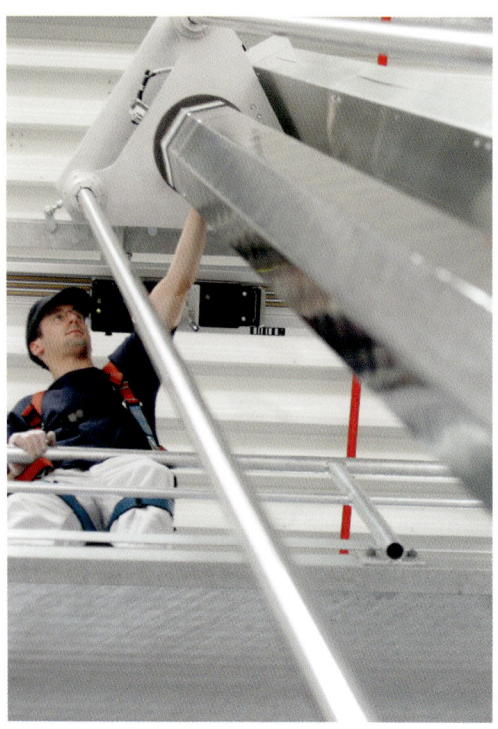

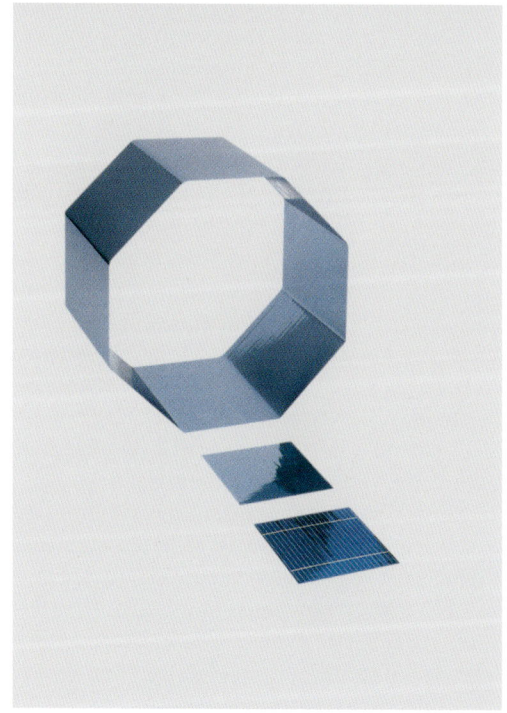

Hierbei wird das Silizium in Form eines hohlen Oktagons mit Form-
teilen aus Graphit aus der Schmelze gezogen. Man nutzt dabei Kapillar-
effekte, um eine bis zu sieben Meter lange Röhre zu erzeugen. Anschließend werden aus den acht Wandstreifen per Laser die Siliziumscheiben
herausgetrennt, als Verschnitt bleiben nur die leicht abgerundeten Kan-
ten der Röhre übrig. So entfällt der aufwendige Sägeprozess der üblichen
Waferherstellung: Typischerweise werden die Siliziumscheiben mit
Drahtsägen nach dem Prinzip des Eierschneiders aus kristallinen Blö-
cken (Ingots) gefertigt (siehe Seite 151).

Trotz des hohen Schnittverlustes setzt sich die Ingot-Technologie
am Ende gegen das EFG-Verfahren als die wirtschaftlichere Option
durch. Die Firma Schott Solar, die das Werk Alzenau zwischenzeitlich
übernommen hat, beendet die Fertigung von Wafern nach dem EFG-
Verfahren im Herbst 2009.

Als Fertigungsstandort für Photovoltaik bleibt Alzenau aber erhalten. So wie übrigens auch Wedel, wo die ASE ihre Produktion Ende 1995
geschlossen hatte. Denn schon bald darauf, Mitte 1996, wird am gleichen Standort das Unternehmen Solarnova gegründet. Die Gesellschaf-
ter sind ehemalige Mitarbeiter der Unternehmen AEG-Solartechnik,
Deutsche Aerospace und ASE. Ihr Slogan: „Ein junges Unternehmen mit
jahrzehntelanger Erfahrung."

So kriegt in der zweiten Hälfte der 90er Jahre die Photovoltaik
dann doch noch die Kurve. In dieser dezenten Aufbruchstimmung
gründet sich im März 1997 außerdem in Erfurt der Zellenhersteller
Ersol (heute zu Bosch gehörig).

Im Jahr 1998 startet dann der Bund der Energieverbraucher, der 1994 mit seiner Phönix-Aktion die
Sonnenwärme vorangebracht hatte, auch ein ähnliches Projekt mit Photovoltaikanlagen. Doch der
Solarstrom braucht solche ehrenamtliche Hilfe um
diese Zeit nicht mehr, er kann schon gut am Markt
agieren. So wird die Sparte recht bald ausgegrün-
det, es konstituiert sich im November 1999 die
Phönix SonnenStrom AG, und der BdE zieht sich
aus dem Unternehmen zurück.

Das Konzept macht schließlich Schule,
im Dezember 1999 gründet der Verbraucher-
verband ebenfalls sein Solarwärme-Geschäft
aus, es entsteht somit die Phönix Sonnen-
Wärme AG. Denn auch die Solarthermie
ist nun endgültig den Kinderschuhen ent-
wachsen.

Zwischenzeitlich hat sich die politische Landschaft in Deutschland ohnehin massiv verändert – mit der Bundestagswahl am 27. September 1998.

← 🖼
Blick durch den Wafer:
transparente Sunways-Zellen

← 🖼
Alternative zur Drahtsäge:
Form zum Ziehen eines
Silizium-Oktagons

← 🖼
Kaum Schnittverluste:
Oktagon wird per Laser in
Wafer zerlegt

Transparenz der neuen Art:
heutige Sunways-Zellen

ht Ihr Geld
larenergie?

Sonne
Energie vom Chef selbst

BUCH

UNFT ERFINDEN -
DURCH WISSEN

Besuchen Sie uns:
PVSEC 2010,
Valencia
6-9 September 2010
Ebene 3, Halle 3, Stand B19

Erfolgreiche Stimulation des
Marktes: Mit dem Erneuerbare-
Energien-Gesetz kommt die
Photovoltaik auf die Beine

Wann werden Sie ein SunCatcher™?

Shine baby shine.

Unsere modernste Energiequelle
ist 4,5 Milliarden Jahre alt.

ine Überzeugung setzt sich durch!

Unsere Mitarbeiterin des Jahres.

## Zündfunke
## Regierungswechsel

Solarfirmen gehen an die Börse, industriepolitische Argumente
werden immer wichtiger – und Deutschland erlebt einen Solarboom,
an dem auch spätere Regierungen nicht mehr vorbeikommen

JAHR
1998

KAPITEL
09

→

Umgerüstet! Atomstrom ade. Willkomm

n der Sonne: sicher, sauber, zukunftsweisend.

die weltweit führende Spitzentech
Außerdem gibt es in De
cken. E

regios
> atoms
> region

**E**ine Epoche ist zu Ende. Es ist der 27. September 1998, kurz nach 18 Uhr, die ersten Wahlprognosen zeugen vom Ende der Ära Helmut Kohl. Ob es für die erste rot-grüne Bundesregierung reichen wird, ist zu diesem Zeitpunkt noch nicht ganz sicher, doch im Laufe des Abends wird die neue Konstellation zur gesicherten Option.

Pioniere haben auf diese Zeitenwende gesetzt und die zuvor abgeschriebene Solarbranche in den letzten beiden Jahren neu belebt. Um auch ökonomisch erfolgreich zu sein, brauchen sie allerdings noch die Unterstützung durch die Politik. Am späten Abend des 27. September ist ihnen diese sicher: SPD und Grüne erlangen zusammen 345 von 669 Mandaten im 14. Deutschen Bundestag. Damit lässt sich komfortabel regieren, damit hat die Sonnenenergie eine historische Chance.

Schon im Wahlkampf hatte die SPD ein 100000-Dächer-Programm für die Photovoltaik versprochen. Ein solches hatte sie bereits 1995 aus der Opposition heraus in den Bundestag eingebracht, war damit aber an der Regierungsmehrheit gescheitert. Nun soll das Programm dort anknüpfen, wo Jahre zuvor das 1000-Dächer-Programm aufhörte. Der Forschung soll die Markteinführung folgen durch das größte Förderprogramm seiner Art weltweit. Vorbild ist ein 70000-Dächer-Programm in Japan.

Gerhard Schröder, der neue Bundeskanzler, ist anfangs nicht wirklich überzeugt von der Idee. Erst ein Besuch beim Wechselrichterhersteller SMA stimmt ihn um. Er sagt danach zum dortigen Firmenchef: „Ich habe heute was gelernt – das Ganze scheint industriepolitisch Sinn zu machen." Er steht der Idee von nun an nicht mehr im Weg.

Das Ziel des Programms: Binnen sechs Jahren sollen auf den Dächern der Republik 100000 neue Solarstromanlagen mit zusammen 300 Megawatt entstehen. Damit, so die Überlegung, kann eine leistungsfähige Branche aufgebaut werden. Das Ziel ist für diese Zeit ambitioniert, nachdem die Neuinstallation im Jahr 1998 bundesweit gerade bei acht Megawatt liegt. Die gesamte Leistung aller bestehenden Photovoltaikanlagen liegt Ende 1998 noch bei bescheidenen 45 Megawatt.

Die Solarwirtschaft hat auf ein derart wirkungsvolles Förderprogramm sehnlichst gewartet. Denn zum Zeitpunkt der Bundestagswahl ist der Markt am Boden; der Absatz von Solarmodulen in Deutschland ist im Jahr 1998 im Vergleich zum Vorjahr um 30 Prozent eingebrochen. Aus einem einfachen Grund: Schon Monate vor der Wahl haben Hausbesitzer ihre Investitionen zurückgestellt, weil sie auf einen Regierungswechsel, und damit auf ein attraktives Förderprogramm, setzten.

Um der Branche keine noch längere Durststrecke zuzumuten, die viele kleine Betriebe in den Ruin triebe, ist die Bundesregierung genötigt, ihr Programm nach der Wahl möglichst schnell zu starten. SPD-Mann Hermann Scheer ist die treibende Kraft, er drängt die Regierung in Sachen solar zu einem ordentlichen Tempo. Und so tritt schon am 1. Januar 1999, nur drei Monate nach dem Wahltermin, das neue Förderprogramm in Kraft. Auch Wirtschaftsminister Werner Müller

Die Durchsetzung des EEG wäre ohne die gesellschaftliche Bewegung für erneuerbare Energien nicht denkbar gewesen."

*Hermann Scheer,*
*SPD-Politiker, 2010*

„Eine Kriegserklärung an die Vernunft"
„Budenzauber"

*Jürgen Rüttgers, Zukunfts-*
*minister, im Jahr 1996 über*
*das von der SPD propagierte*
*100000-Dächer-Programm*

■ →
Der große Vordenker und
Politstratege: Hermann Scheer

## Solarstromerzeugung in Deutschland

7.000 GWh Solarstrom

6.000

5.000

4.000

3.000

2.000

1.000

Daten: BMU

1  2  3  6  8  11  16  26  32  42  64  76  162  313  556  1.282  2.220  3.075  4.420  6.200  12.000

1990    1995    2000    2005    2010

135

stützt diesen Kurs. Man verhindere damit, sagt er, dass „wie in der Vergangenheit Zukunftskapazitäten aus unserem Land abwandern".

Mit dem Programm gibt es nun zinslose Kredite für neue Photovoltaikanlagen mit einer Nennleistung von mindestens einem Kilowatt. Die Darlehen laufen bis zu zehn Jahre, in den ersten beiden Jahren müssen sie nicht einmal getilgt werden. Und die letzte Rate wird dem Kreditnehmer sogar erlassen, wenn die Anlage zum betreffenden Zeitpunkt noch läuft. Dieses Angebot, so haben Finanzexperten berechnet, entspricht einer Fördersumme von 37,5 Prozent. Es wird den Bund in den nächsten sechs Jahren 918 Millionen Mark kosten.

Solarfreunde sind begeistert. „Wir werden mit der Photovoltaik Terawattstunden erzeugen, bevor die Kernfusion dazu in der Lage ist", sagt Joachim Luther, der Leiter des Fraunhofer-Instituts für Solare Energiesysteme (ISE). Der Weg zur Terawattstunde (das sind eine Milliarde Kilowattstunden) ist freilich noch weit; im Jahr 1998 wird gerade ein Dreißigstel dieser Menge erzeugt. Doch die Terawattstunden fließen schneller als selbst von Optimisten erwartet: Im Jahr 2005 wird die Marke erstmals überschritten.

Aber so attraktiv das 100 000-Dächer-Programm auch ist, es reicht auf Dauer nicht. Es hängt an Haushaltsmitteln, dadurch ist es politisch verwundbar. Und es ist auf 300 Megawatt limitiert, womit sich sofort die Frage stellt, was danach kommt. Denn jeder weiß, dass es nicht wieder zum „Fadenriss" für die Solarbranche kommen darf.

Neu installierte Photovoltaik in MW im Jahr 2009 (Welt)

Italien (711)
Japan (484)
USA (477)
Tschechien (411)
Belgien (292)
Frankreich (185)
Südkorea (168)
China (160)
Kanada (70)
Deutschland (3.806)

Spanien (69)
Australien (66)
Griechenland (36)
Portugal (32)
Indien (30)

Daten: EPIA

## Kein Gesetz der Regierung, sondern der Fraktionen

Zu dieser Zeit gibt es sieben Hersteller von Solarmodulen in Deutschland, der Markt beginnt, sich zu entwickeln. Für die Vordenker der Photovoltaik ist längst klar: Die kostendeckende Einspeisevergütung muss her, bundesweit und für alle Anlagen. Das Stromeinspeisungsgesetz von 1991 steht ohnehin zur Novelle an – warum schreibt man dieses nicht einfach fort und erhöht schlicht die Vergütung für Solarstrom? Der erforderliche Satz läge bei mindestens 1,50 Mark pro Kilowattstunde.

Diejenigen, die auf kommunaler Ebene bereits gute Erfahrungen mit der kostendeckenden Vergütung gemacht haben, werden nun auch auf Bundesebene zu den Antreibern. Der Grüne Hans-Josef Fell, der in seiner Heimatstadt Hammelburg erfolgreich war, nimmt sich des

Themas im Bundestag an. Außerparlamentarisch wird der Solarenergie-Förderverein in Aachen zum Wortführer.

Fell beginnt im Frühjahr 1999 damit, an dem Gesetz zu schreiben. Es ist kein Gesetz der Regierung, sondern eines der Fraktionen. Das ist ungewöhnlich. Mit dabei ist vor allem Fells Fraktionskollegin Michaele Hustedt, aufseiten der SPD sind es Hermann Scheer und Dietmar Schütz. „Viererbande" nennt Scheer die Gruppe später. Es ist eindeutig ein Gesetz, das von unten kommt. Es wird, wie Hermann Scheer später betont, von den Fraktionen von SPD und Grünen mehrheitlich getragen und „gegen die Obstruktionsversuche auch in der von ihnen gestellten Regierung durchgefochten".

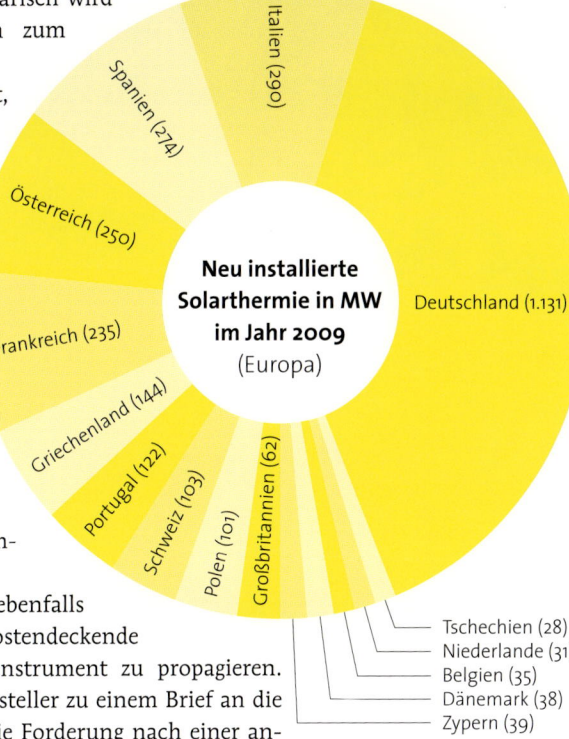

**Neu installierte Solarthermie in MW im Jahr 2009** (Europa)

Italien (290)
Spanien (274)
Österreich (250)
Frankreich (235)
Griechenland (144)
Portugal (122)
Schweiz (103)
Polen (101)
Großbritannien (62)
Deutschland (1.131)

Tschechien (28)
Niederlande (31)
Belgien (35)
Dänemark (38)
Zypern (39)

Daten: ESTIF

Der grüne Energieexperte Fell agiert ebenfalls offensiv. Er weiß, wie wichtig es ist, die kostendeckende Vergütung auch als industriepolitisches Instrument zu propagieren. Und es gelingt ihm, die deutschen Solarhersteller zu einem Brief an die Bundesregierung zu bewegen, in dem sie die Forderung nach einer angemessenen Vergütung erheben. Sechs von sieben Herstellern machen mit, nur Siemens Solar nicht.

Neue Solarfabriken kommen in dieser Situation wie gerufen. Es ist der 16. November 1999, die Debatte um die künftige Solarvergütung läuft auf Hochtouren, als in Gelsenkirchen-Rotthausen die weltweit modernste Solarzellenfabrik ihren Betrieb aufnimmt. Der Mineralölkonzern Shell hat hier zusammen mit Pilkington Solar mehr als 50 Millionen Mark investiert, auch mit Unterstützung vom Bund und vom Land Nordrhein-Westfalen.

Das Werk verfügt über eine vollautomatische Produktionslinie, die jährlich etwa fünf Millionen Solarzellen mit einer Leistung von insgesamt zehn Megawatt erzeugen kann. In der Endausbaustufe, nach Installation einer zweiten Produktionslinie, sollen rund 13 Millionen multikristalline Siliziumzellen mit einer Leistung von 25 Megawatt jährlich hergestellt und weltweit vermarktet werden. Wahlweise im niederländischen Helmond oder in der ebenfalls in Gelsenkirchen ansässigen Solarfabrik von Pilkington Solar sollen die Zellen zu Modulen weiterverarbeitet werden.

An diesem Dienstag in Gelsenkirchen hat die Einspeisevergütung viele Freunde. Fritz Vahrenholt, Vorstand der Deutschen Shell AG, hofft auf eine deutliche Erhöhung der Einspeisevergütung für Solarstrom, damit Photovoltaik „nicht nur ein Produkt für grüne Lehrer" bleibt.

Saubere Energie vom Müllberg: am Rheinhafen in Karlsruhe

Auch Wolfgang Clement, Ministerpräsident von Nordrhein-Westfalen, fordert zur Fabrikeinweihung eine kostendeckende Vergütung. Keiner der Zuhörer weiß in diesem Moment, wer hinter dem Satz steckt. Der Grüne Hans-Josef Fell erzählt es später: „Ich hatte Clements Redenschreiber zuvor kontaktiert und angeregt, er möge die Forderung doch in seine Rede aufnehmen." Was der dann tat.

In der rot-grünen Regierung gibt es zu diesem Zeitpunkt aber auch strikte Gegner einer kostendeckenden Einspeisevergütung, allen voran Wirtschaftsminister Werner Müller. Er war jahrzehntelang in der Energiewirtschaft tätig, bei RWE und Veba (heute Eon). Er fürchtet offenbar die Konkurrenz durch die Sonne.

## Ein Preis wie im Supermarkt – die 99-Pfennig-Regelung

Frischer Wind für die Photovoltaik: Anlage in Havel an der Werder

In der Öffentlichkeit hält sich selbst Solarfreund Hermann Scheer anfangs auffallend zurück, obwohl er im Hintergrund zweifellos sehr aktiv ist. Kritiker munkeln bereits, er wolle das 100 000-Dächer-Programm, das so eindeutig mit seinem Namen verknüpft ist, nicht durch eine Vergütungsregelung in den Schatten stellen. Er selbst sagt später, dass es ihm allein darum gegangen sei, erst innerhalb der SPD-Fraktion einen Konsens herzustellen, statt ungezügelten Aktivismus zu entfalten. Kurz vor seinem plötzlichen Tod im Herbst 2010 sagt er in einem Interview: „Man muss manchmal, wenn man etwas durchsetzen will, in raffinierten Schritten vorgehen."

Der Politstratege Scheer ist es auch, der Kanzler Schröder dazu bewegen kann, eine erhöhte Einspeisevergütung mitzutragen. Schröder sagt eines Tages: „Wenn der alternative Nobelpreisträger das will, dann machen wir das." Diesen Titel nämlich trägt Scheer seit 1999.

Zur Strategie des SPD-Abgeordneten gehört auch, die Höhe der Einspeisevergütung bis zuletzt offenzulassen. Am Ende stehen 99 Pfennig im Gesetz. Es ist ein Kalkül wie im Supermarkt, denn der Preis von einer Mark scheint politisch nicht durchsetzbar. Scheer sagt: „Wenn wir über eine Mark gehen, stimmt der Bundestag nicht zu." Mit 99 Pfennig aber ist die Vergütung groß genug, um der Photovoltaik tatsächlich einen Schub geben zu können, zugleich ist sie aber klein genug, um nicht zu viele Parlamentarier zu verschrecken.

▪ →

Einweihung fällt in die Zeit der EEG-Gesetzgebung: Solarfabrik in Gelsenkirchen

▪ →

Hochtechnologie trifft Denkmalschutz: spiegelblanke CIS-Module, produziert im Gebäude des stillgelegten Steinkohlekraftwerks Marbach

In einer Nachtsitzung im Kabinett – Werner Müller ist nicht dabei – werden die 99 Pfennig dann durchgewinkt. Zusammen mit den Förderungen aus dem 100 000-Dächer-Programm sind sie gerade kostendeckend. Minister Müller will mit Verweis auf europäisches Recht das Gesetz anschließend doch noch stoppen, hat aber keinen Erfolg.

Durch einen redaktionellen Fehler muss das Gesetz allerdings noch durch den Bundesrat. Eigentlich hatte man das unbedingt vermeiden wollen, weil in der Länderkammer Rot-Grün keine Mehrheit hat. Aber auch dieser Fehler ist schnell vergessen. Thüringen stimmt, obwohl

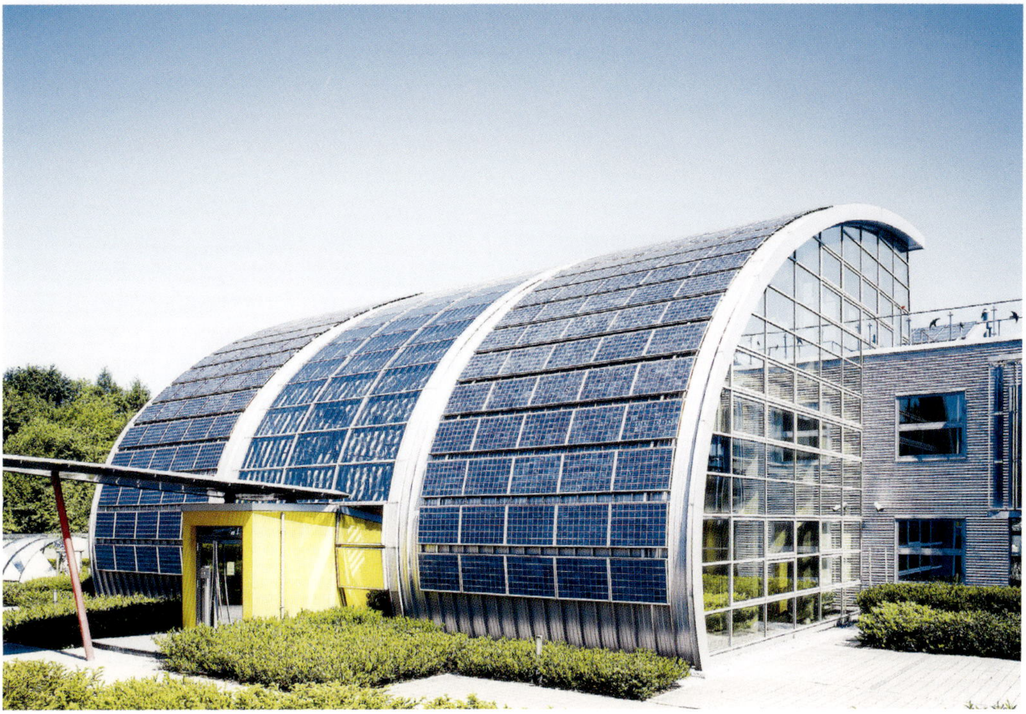

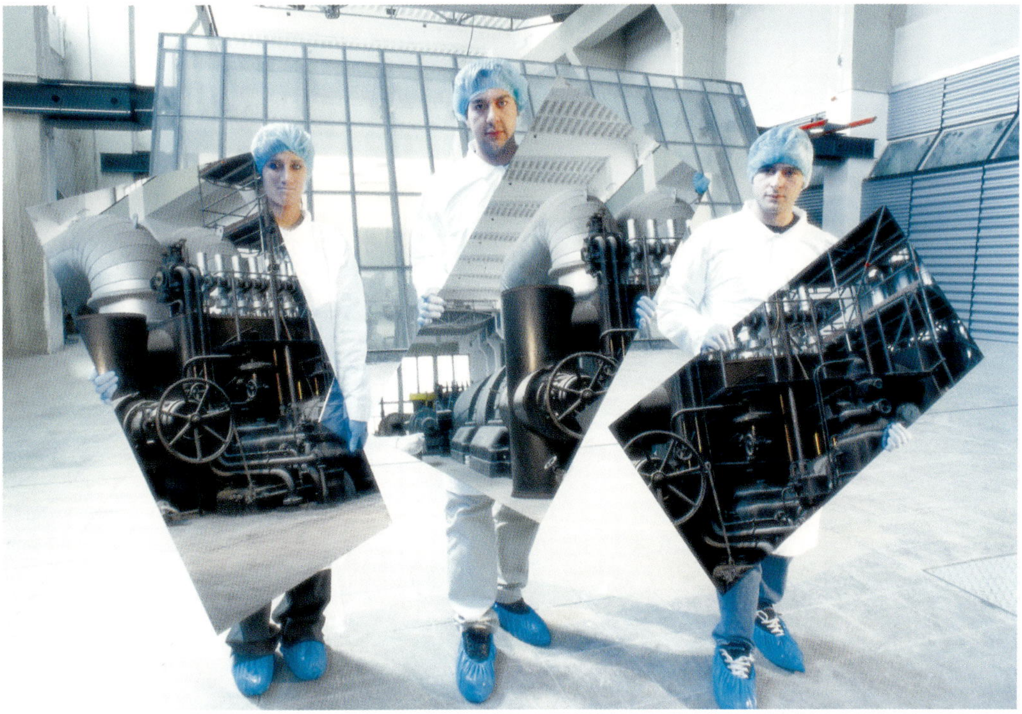

Ein neues Argument: Solar-energie schafft Arbeitsplätze

CDU-regiert, dem Gesetz im Bundesrat zu – wegen der Perspektiven, die das Land als Produktionsstandort sieht. Deutlich wie nie zuvor zeigt sich damit, dass die Vision von der Sonnenkraft längst Parteigrenzen überschreitet.

Am 1. April 2000 tritt das Erneuerbare-Energien-Gesetz (EEG) in Kraft. Die Mindestvergütung ist nur einer von mehreren klugen Schach-zügen. Ebenso wichtig ist die Anschluss- und Abnahmepflicht für den Netzbetreiber, die schon das Vorgängergesetz enthielt. Entscheidend ist ferner, dass es keinen Deckel gibt bei der jährlichen Ausbauleistung. Und vor allem: Die Mehrkosten belasten nicht die öffentlichen Haus-halte. Sie werden von den Stromkunden per Umlage bezahlt, getreu dem Verursacherprinzip – wer viel Strom verbraucht, also die Umwelt stärker belastet, muss auch für die Energiewende mehr bezahlen.

Kritiker werden später von dem Erfolg überrascht: „Man hat mir gesagt, außer den Deutschen werde niemand ein solch absurdes Gesetz machen", erinnert sich später Hans-Josef Fell. Doch nach zehn Jah-ren haben rund 50 Länder der Erde das EEG mehr oder minder über-nommen.

> „Die Photovoltaik wird immer mehr vom Liebhaber-objekt und architektonischen Selbstdarstellungsmittel zu einer realen Einkommens-quelle für eine neue Generation von Solarunter-nehmen. Den idealistischen Pionieren folgen jetzt erfolgreiche Unternehmer und kühle Rechner."
>
> *Burkhard Holder, Executive Director Interna-tionale Gesellschaft für Solarenergie (ISES), im Jahr 2000*

 →
Endkontrolle der Wafer: in der Fertigung der Firma Solarworld

→
Kontrolle der verlöteten Zellen: in der Fertigung der Firma Solarworld

## Solarstrom von der Glasplatte – Würth und die Dünnschicht

Mit dem EEG ist die Erzeugung von Solarstrom zu einem tragfähigen Geschäftsmodell geworden. Neue Solarfabriken entstehen, und es wer-den jene Produktionsstätten fertig, die schon in den Jahren 1998 und 1999 geplant waren, als das EEG zwar noch nicht in Kraft, aber irgend-wie doch absehbar war.

Einer der frühen Unternehmer ist der Schraubenfabrikant Reinhold Würth aus Künzelsau. Seine Firma Würth Solar setzt auf sogenannte CIS-Zellen (wobei CIS für die elementaren Bestandteile des Halbleiters Kupfer-Indium-Diselenid steht). Im Sommer 2000 startet in Marbach bei Stuttgart – erstmalig in Deutschland – die Serienfertigung solcher Dünnschichtmodule. Die Fabrik hat eine Kapazität von 1,2 Megawatt pro Jahr. Nicht aus „Öko-Schwärmerei" steige er in diese Branche ein, betont Firmenchef Würth, sondern „aus handfesten, kaufmännischen Gründen".

Mehr als 100 Gemeinden hatten sich zuvor um die imageträch-tige Fabrik bemüht, darunter auch Heilbronn, Neckarsulm, Mosbach, Schwäbisch Hall und natürlich Stuttgart, das lange Zeit wegen der Nähe zum Zentrum für Sonnenenergie- und Wasserstoff-Forschung (ZSW) als Favorit angesehen worden war.

Die CIS-Technik stammt vom ZSW, das sich damit frühzeitig an die Spitze der weltweiten Dünnschichtforschung gesetzt hat. Im hochreinen Vakuum werden bei 500 Grad Celsius die Elemente Kupfer, Indium und Selen (sowie später zunehmend auch Gallium) verdampft, damit diese sich auf einer Glasplatte niederschlagen. Die Schichten werden dann

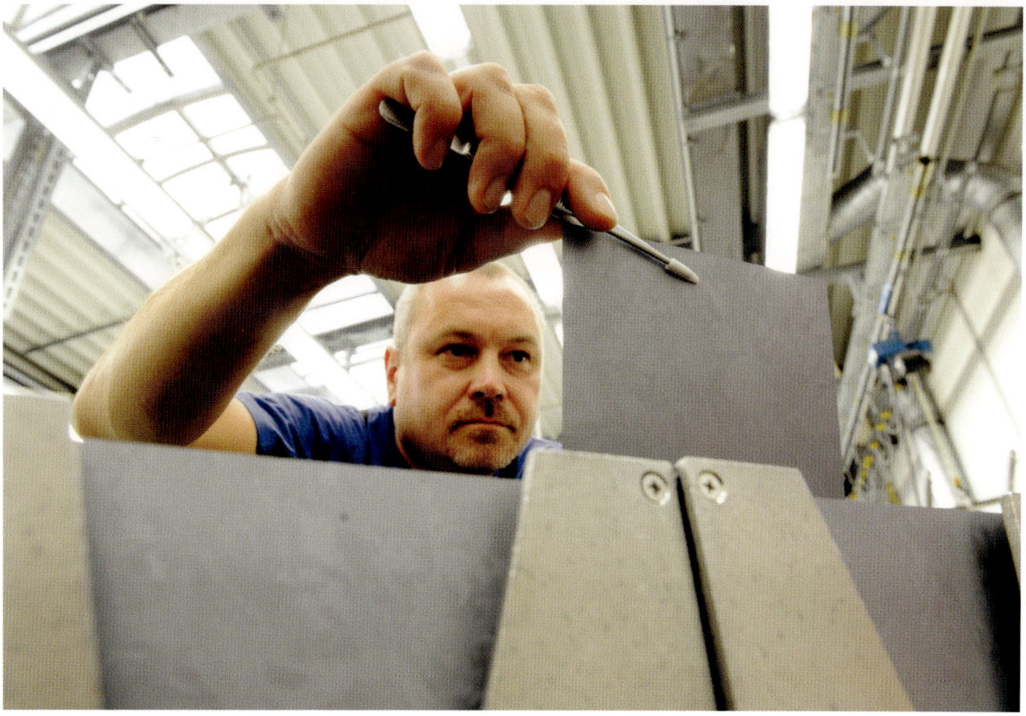

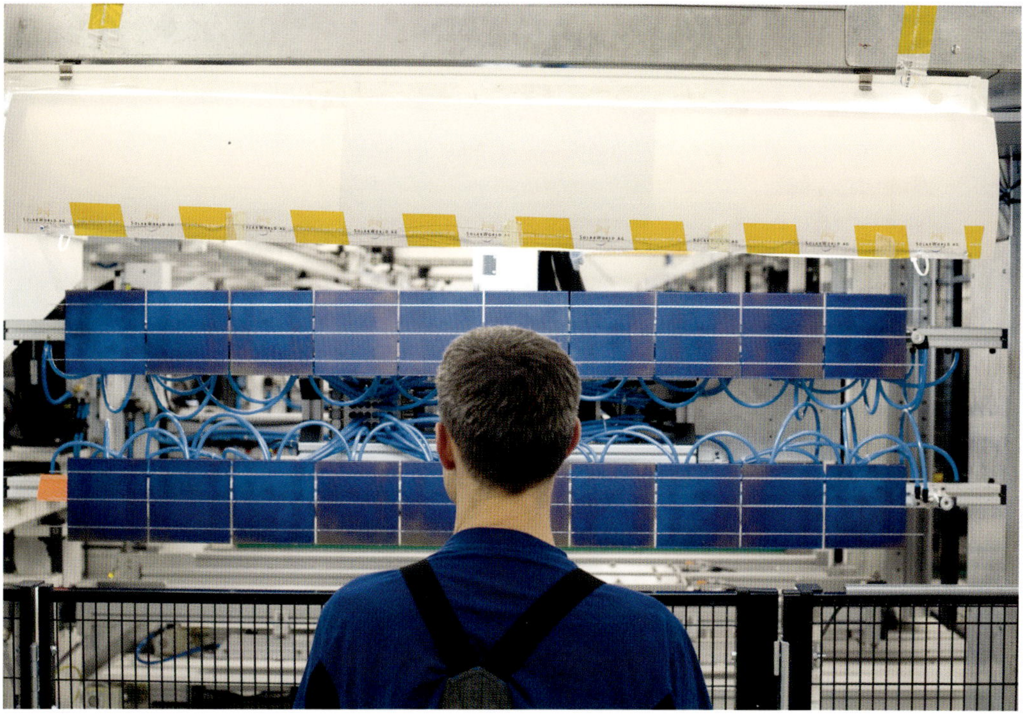

per Laser strukturiert. Eine zweite Glasplatte schützt schließlich die nur zwei Mikrometer dicke photoelektrische Schicht vor Umwelteinflüssen.

Die Dünnschichttechnik ist eine gänzlich andere als die klassische, die gesägte Siliziumscheiben nutzt. Und sie weckt Visionen: „Ich möchte im Baumarkt eine Dose Solarlack kaufen und an der damit gestrichenen Wand sofort Strom abzapfen", sagt um die Jahrtausendwende Bernhard Dimmler, der Entwicklungschef am ZSW. Theoretisch ist ein solcher Solarstrom aus der Dose denkbar – praktisch bleibt er einstweilen Utopie.

Andere Unternehmen halten unterdessen an der etablierten kristallinen Technik fest. Frank Asbeck gründet im Jahr 1998 die Firma Solarworld und bringt sie im November 1999 an die Börse. Mit dem Geld kauft er sich mit 70 Prozent bei der Gällivare PhotoVoltaic AB (GPV) ein, einem kleinen Modulhersteller in Nordschweden.

Auf kristalline Siliziumzellen setzen im Jahr 1999 auch die drei Berliner Ingenieure Holger Feist, Paul Grunow und Rainer Lemoine sowie der gebürtige Brite Anton Milner mit der Gründung der Q-Cells AG. In der ehemaligen Chemieregion des Ostens, in Bitterfeld-Wolfen, bauen sie eine Firma auf, die bald zu den größten ihrer Art weltweit zählt. Zusammen mit mehreren Tochterfirmen am selben Standort wird Q-Cells außerdem zu einem der entscheidenden Akteure im „Solarvalley Mitteldeutschland".

Auf Einkaufstour: Frank Asbeck

### Selbstbewusste Boombranche: Warum nicht Opel übernehmen?

Unter dem Dach des EEG wachsen die Firmen rasant – auch und vor allem Solarworld. Im Jahr 2000 übernimmt Asbeck die Solarsparte der Bayer AG mit 100 Mitarbeitern, die im sächsischen Freiberg beheimatet ist. Sie ist ein Rest des ehemaligen VEB Spurenmetalle. Das Unternehmen hatte 1957 in der DDR mit der Entwicklung von Halbleitern begonnen und ab 1966 bereits monokristalline Siliziumblöcke und Wafer gefertigt. Nach der Privatisierung im Zuge der deutschen Vereinigung produziert das Unternehmen ab 1991 für die Wacker AG. 1994 übernimmt die Bayer AG, die zu dieser Zeit bereits in Krefeld-Uerdingen Solarwafer fertigt, das Siliziumgeschäft in Freiberg und gründet die Bayer Solar GmbH. Mit der Übernahme durch Solarworld firmiert sie dann als Deutsche Solar AG.

Rohstoff für den sauberen Strom: Siliziumblock

In der Branche herrscht Goldgräberstimmung. Bald schon werde „die Sonnenenergie zu einer normalen Erscheinung geworden sein", sagt Asbeck im Jahr 2002, weitere Übernahmen immer im Blick. Die nächste große folgt im Jahr 2006, als

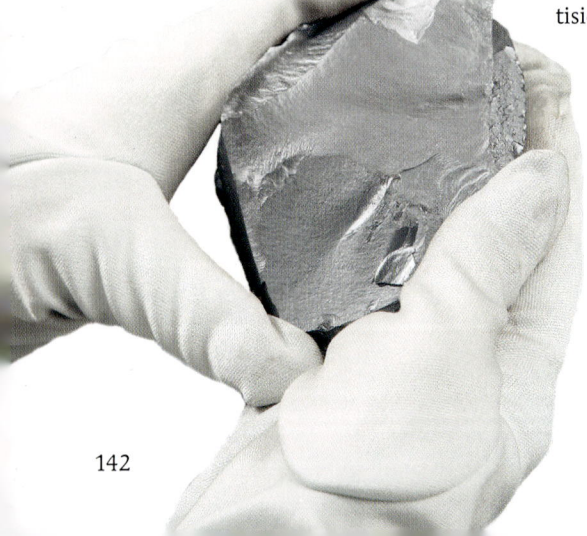

sich Solarworld auch die kristalline Solarsparte von Shell einverleibt, die sieben Jahre zuvor in Gelsenkirchen eine vielbeachtete Solarfabrik aufgebaut hatte. Shell begründet die Trennung damit, dass man sich auf eine neue Technik ohne Silizium konzentrieren wolle. Solarworld unterdessen ist nun das einzig vollintegrierte Unternehmen der Branche geworden, das den gesamten Fertigungsprozess im eigenen Hause vereinigt hat – vom Quarzsand für die Siliziumscheibe bis hin zum betriebsfertigen Modul.

Zugleich ziehen sich die letzten der etablierten Energiekonzerne aus dem Solargeschäft zurück. RWE verkauft im Oktober 2002 die Hälfte der Anteile der RWE Solar GmbH (mit Fertigungen an den Traditionsstandorten Alzenau, Putzbrunn und Heilbronn) an den Glasproduzenten Schott. Die Gesellschaft heißt fortan RWE Schott Solar. Ende 2005 übernimmt Schott dann auch die andere Hälfte der Anteile und nennt das Unternehmen Schott Solar. RWE hat sich damit komplett aus der Herstellung von Photovoltaikanlagen zurückgezogen.

Schillernde Person der Branche bleibt Frank Asbeck; er ist auch in späteren Jahren immer wieder für eine Überraschung gut. Im November 2008 kündigt er an, die vier deutschen Opel-Standorte sowie das Entwicklungszentrum der Firma in Rüsselsheim übernehmen zu wollen, da die Opel-Mutter General Motors (GM) in Zahlungsschwierigkeiten steckt. Im Juni 2009 muss sie sogar Insolvenz anmelden. Ohne mit Opel zuvor über die Idee gesprochen zu haben, erklärt Asbeck, er wolle die Firma „zum ersten grünen europäischen Autokonzern weiterentwickeln". Das sei „definitiv kein Scherz".

Der Vorstoß scheitert freilich, weil Asbeck große Forderungen stellt. Er verlangt die komplette Trennung aus dem GM-Konzern sowie „eine Kompensationszahlung von 40 000 Euro pro deutschem Arbeitsplatz (insgesamt eine Milliarde Euro)". Später sagt Asbeck, die Opel-Idee habe immerhin den Bekanntheitsgrad von Solarworld gesteigert. Und dann rechnet er, ganz der Kaufmann, vor: „Die Berichterstattung darüber hatte für uns einen Werbeeffekt von 104 Millionen Euro."

In der Tat stärkt Asbeck mit dem Vorstoß den Eindruck, dass Solarunternehmen in der deutschen Industrielandschaft inzwischen eine gewichtige Rolle spielen. Längst ist der Börsenindex TecDax stark geprägt von Solarfirmen inklusive der Hersteller der betreffenden Fertigungsmaschinen. Die mehr als 10 000 Betriebe der Branche (einschließlich Handwerk und Zulieferer) beschäftigen im Jahr 2010 rund 133 000 Mitarbeiter und erwirtschaften einen Umsatz von mehr als 10 Milliarden Euro. Viele Unternehmer haben mit den Pionieren aus der Antiatombewegung jedoch nichts mehr gemein – die Photovoltaik ist längst zu einem normalen Wirtschaftszweig geworden.

Mit allen Konsequenzen. Auch schwarze Schafe sind inzwischen in diesem Metier aktiv. Trotz boomender Märkte muss zum Beispiel die Firma Antec Solar im Januar 2008 Insolvenz anmelden, von einem „handfesten Wirtschaftskrimi" schreiben die Medien, auch vom

„Solarworld steht für die erstaunlichste Erfolgsgeschichte der deutschen Wirtschaft seit der Jahrtausendwende: den Aufstieg zur Nation der regenerativen Energien."

*„Financial Times Deutschland",
20. Mai 2009*

Aus VEB Spurenmetalle wird Deutsche Solar: Standort Freiberg in Sachsen

„Geschäftsprinzip Intransparenz". Die Firma aus Arnstadt fertigt Cadmiumtellurid-Dünnschichtmodule.

Ein anderer Fall ist die Conergy AG, die über Jahre hinweg auf der Fachmesse Intersolar mit dem üppigsten von allen Ständen protzt, wenig später aber in erhebliche wirtschaftliche Turbulenzen gerät und an der Börse zum Pennystock verkommt. Vom „momentan größten Finanzsanierungsfall der deutschen Wirtschaft" schreibt im November 2010 die *Financial Times Deutschland* – dies ausgerechnet in jenem Jahr, als in der Bundesrepublik rund 7000 Megawatt Photovoltaik auf den Dächern installiert werden, fast doppelt so viel wie im Vorjahr.

## Vellmar, Marburg, Baden-Württemberg: Solarwärme per Gesetz

Während die meiste Aufmerksamkeit in diesen Jahren der Solarstrom erfährt, kommt aber auch die Solarthermie voran. Gestützt wird sie einerseits durch Förderprogramme – sie tragen Namen wie „Zukunftsinvestitionsprogramm" oder „Marktanreizprogramm", – andererseits aber auch durch kreative, politische Vorstöße in Kommunen.

So zum Beispiel im Herzen Deutschlands: Die Stadt Vellmar bei Kassel mit ihren knapp 20 000 Einwohnern bringt im Juni 2002 ein Projekt auf den Weg, wie man es in einer deutschen Kommune bislang noch nicht gesehen hat: Die Stadtverordnetenversammlung beschließt mit großer Mehrheit einen „städtebaulichen Vertrag für klima- und umweltschonendes Bauen".

Dahinter könnte man nun ein Papier voller Lippenbekenntnisse vermuten, wie man sie in der Politik häufig findet. Doch in Wahrheit ist der Nutzen des Vertrages höchst konkret: Bauherren im Neubaugebiet Osterberg müssen fortan Solarwärme nutzen. Sie müssen auf Neubauten eine Anlage installieren, die im Jahresmittel die Brauchwassererwärmung zur Hälfte übernimmt und zudem mindestens 10 Prozent der Heizenergie von der Sonne gewinnt. Ein Energieberater muss für jeden Bau vorab nachweisen, dass diese Quoten erreicht werden. Die Stadt übernimmt als Gegenleistung die Kosten für die Energieberatung bis zu einem Gesamtbetrag von 460 Euro. „Fördern und Fordern" nennt man das in Vellmar.

Ganz ohne Vorbilder kommt freilich auch dieses Projekt nicht aus – der Erfolg in der katalanischen Hauptstadt Barcelona steht Pate. Denn die spanische Stadt hat bereits im August 2000 mit der „Ordenanza Solar", der Solaranlagenverordnung, vorgeschrieben, dass Neubauten mit Solarkollektoren ausgestattet werden müssen.

Das Prinzip findet einige Jahre später auch in anderen Teilen der Republik Freunde. November 2007 verabschiedet Baden-Württemberg als erstes Bundesland ein Erneuerbare-Wärme-Gesetz (EWärmeG) für alle Neubauten. Objekte, deren Bauantrag ab April 2008 eingereicht wird, müssen mindestens 20 Prozent des jährlichen Wärmebedarfs

Farbenspiele: Photovoltaikanlage in Freiburg

„Den Anteil erneuerbarer Energien am Stromverbrauch auf 20 Prozent zu steigern ist wenig realistisch."

*Angela Merkel,*
*CDU-Vorsitzende und*
*spätere Bundeskanzlerin,*
*im Mai 2005*

← Kontrolle der Röhrenkollektoren: in der Fertigung von Schott Solar

← Kreativität in der Architektur: Solarkollektoren an einer Fassade

← Solarthermie auch für Hochhäuser: Anlage auf einem Mietshaus in Berlin-Reinickendorf

Harter Kampf für die Sonne: Marburgs Umweltbürgermeister Franz Kahle

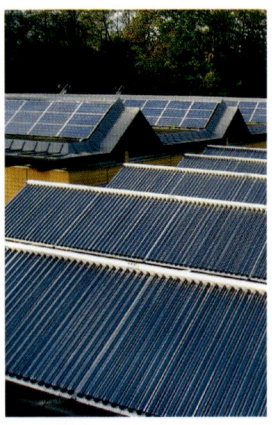

Solartechnik für alle Dächer: Baden-Württemberg geht voran

aus erneuerbaren Energien decken. Bei Solarthermie gilt die Nutzungspflicht als erfüllt, wenn die Kollektorfläche vier Prozent der Wohnfläche entspricht. Für Altbauten wird ab 2010 ein Pflichtanteil von mindestens zehn Prozent festgelegt. Diese Vorschrift greift aber immer erst dann, wenn die Heizanlage ausgetauscht wird.

Bei so viel Aktivität im Südwesten will dann auch die Bundesregierung nicht mehr nachstehen. Und so tritt Anfang 2009 bundesweit ein ähnliches Gesetz in Kraft, das Erneuerbare-Energien-Wärmegesetz (EEWärmeG). Seither müssen in ganz Deutschland Wohngebäude ihren Wärmeenergiebedarf zum Teil aus erneuerbaren Energien decken, bei Nutzung von Solarenergie liegt der Mindestanteil bei 15 Prozent.

Die Stadt Marburg jedoch will mehr. Im Juni 2008 beschließt die Stadtverordnetenversammlung der hessischen Universitätsstadt eine wiederum einzigartige Solarsatzung. Bauherren müssen danach je 20 Quadratmeter Geschossfläche einen Quadratmeter Kollektor installieren, wobei ersatzweise auch die Nutzung von Photovoltaik oder anderer erneuerbarer Energien möglich ist. Anders als im Bundesgesetz gilt die Auflage jedoch nicht nur für Neubauten, sondern auch für bestehende Gebäude, sobald der Heizkessel ausgetauscht oder das Dach saniert wird. Und gegenüber dem baden-württembergischen Landesgesetz ist Marburg konsequenter, weil die Stadt sich nicht auf Wohngebäude beschränkt, sondern alle beheizten Objekte miteinschließt.

Aber die Satzung bringt Ärger. Das Regierungspräsidium in Gießen hält das ganze Projekt für unzulässig, spricht von „rechtlichen Mängeln" und hebt die Satzung per Verfügung wieder auf. Daraufhin überarbeitet die Stadt diese in Abstimmung mit dem Regierungspräsidium und verabschiedet sie im Oktober 2010 erneut.

Wenig später muss Marburg jedoch einen neuen Tiefschlag verkraften; er kommt von der Landesregierung. Hessen ändert kurzerhand die Landesbauordnung und untersagt damit Kommunen, künftig bestimmte Brennstoffe und Heizungsarten vorzugeben – Projekten wie der Marburger Solarsatzung ist damit die Rechtsgrundlage entzogen. Ungeklärt ist noch, ob Marburg immerhin auf Bestandsschutz setzen darf. Am Ende werden darüber einmal mehr die Gerichte entscheiden – und so dokumentieren, dass die Sonne es auch im Jahr 2010 manchmal noch schwer hat.

## Energiewende von unten: Solarkraftwerke in Bürgerhand

Reibungsloser läuft nach der Jahrtausendwende in Deutschland der Ausbau der Photovoltaik. Aber er hängt anfangs noch sehr an der Politik, und das ist im Jahr 2002, als wieder Bundestagswahlen stattfinden, noch ziemlich kritisch. Es droht der Solarenergie ein Phänomen, das der Grüne Hans-Josef Fell als „Jimmy-Carter-Effekt" beschreibt: Alle guten

# Sun-Area Osnabrück
## Ein aufwendiges Rechenprogramm analysiert die Solartauglichkeit aller Dächer

Im Jahr 2007 startet die Fachhochschule Osnabrück ein besonderes Projekt in der Geoinformatik: Alle Dächer der Stadt werden auf ihre Eignung für Solaranlagen hin untersucht. Das geschieht mit Laserscannerdaten, die im Jahr 2005 per Flugzeug erhoben wurden – ursprünglich für Hochwasserprognosen. Vier Messwerte pro Quadratmeter liegen vor, das macht rund 350 Millionen Höhenpunkte im ganzen Stadtgebiet.

*350 Millionen Höhenpunkte: Laserscanner*

Aus diesen Daten errechnet die Fachhochschule Osnabrück unter Leitung von Professorin Martina Klärle zum einen die Ausrichtung und Neigung aller Dachflächen. Zudem simuliert sie anhand der umstehenden Gebäude und der Bäume die Verschattung bei unterschiedlichem Sonnenstand. Es ist ein aufwendiges Verfahren; mit manchen Rechenschritten ist der Computer mehrere Tage beschäftigt.

Die Ergebnisse kommen anschließend ins Internet: Auf einem Stadtplan wird jedes einzelne von 70 000 Gebäuden farblich gekennzeichnet, je nachdem, wie hoch der zu erwartende Solarertrag auf dem betreffenden Dach ist. So kann jeder Bürger erfahren, wie gut sich sein eigenes Hausdach zur Nutzung eignet. „Sun-Area" nennt sich das Projekt.

Die Kalkulationen zeigen enorme Potenziale auf: Alle geeigneten Dachflächen in Osnabrück zusammengenommen bieten Platz für fast 300 Megawatt Photovoltaik. Die mögliche Stromausbeute liegt bei rund 237 Millionen Kilowattstunden jährlich. Rechnerisch lässt sich damit der gesamte private Stromverbrauch in der Stadt decken, der Gesamtverbrauch zu immerhin 20 Prozent.

Einen vergleichbaren Wert hatte übrigens bereits im Jahr 1999 eine Studie des Elektrizitätswerks der Stadt Zürich für die Schweizer Großstadt ergeben: Eine Auswertung von fünf Prozent der Dächer hatte damals gezeigt, dass die Stadt Zürich 16 Prozent ihres Stromverbrauches durch Photovoltaik decken könnte, wenn alle geeigneten Dachflächen genutzt würden. Ein Wert zwischen 15 und 20 Prozent, weiß man heute, ist für viele Städte erreichbar.

Das Interesse anderer Gemeinden an dem Osnabrücker Rechenmodell ist enorm. Mehr als 200 Kommunen in Deutschland haben inzwischen ihre Dächer auf ähnliche Weise vom neu gegründeten Steinbeis-Transferzentrum Geoinformations- und Landmanagement in Weikersheim analysieren lassen – weiterhin unter Leitung der Wissenschaftlerin Martina Klärle.

*Farbige Hinweise: rote Dächer gut geeignet*

ökologischen Ansätze des US-Präsidenten machte Nachfolger Ronald Reagan ab 1981 wieder zunichte. Der baute – symptomatisch für seine Energiepolitik – eine solarthermische Anlage auf dem Weißen Haus wieder ab, die sein Vorgänger installiert hatte.

Solche Rückschläge fürchten im Jahr 2002 Solarfreunde auch im Falle einer Abwahl von Rot-Grün. Doch dazu kommt es nicht. Die Regierung übersteht die Bundestagswahl und bekommt von den Wählern eine zweite Amtsperiode gewährt. In dieser bringt sie die erneuerbaren Energien dann so weit, dass sie bei der nächsten – vorgezogenen – Wahl im Jahr 2005 nicht mehr ernsthaft gefährdet sind.

Aber die politischen Rahmenbedingungen sind stets nur eine von mehreren Voraussetzungen der Energiewende. Unverzichtbar sind immer auch die Bürger. Denn sie müssen die Chancen tatsächlich ergreifen, die das Gesetz ihnen bietet. Sie sind es am Ende, die über die Zukunft der Stromversorgung entscheiden.

Zum Beispiel in Bürstadt in Hessen. Dort nehmen Bürger im Mai 2004 auf den Hallen eines Logistikunternehmens das größte dachinte-grierte Solarkraftwerk der Welt in Betrieb. Es leistet fünf Megawatt und liefert damit so viel Strom, wie noch zwölf Jahre zuvor alle Solarkraft-werke Deutschlands zusammen.

Ein anderes Beispiel ist Singen in Südbaden. Bürger der Boden-seeregion gründen dort im Jahr 2000 die Solarcomplex GmbH, deren Ziel die regionale Energiewende bis 2030 ist. Mitbegründer sind der Hamburger Klimaforscher Hartmut Graßl und der spätere Präsident des Wuppertal Instituts Peter Hennicke. Die Erfolge sind beachtlich: In zehn Jahren investiert das Bürgerunternehmen im Bodenseeraum mehr als 40 Millionen Euro in saubere Energien, unter anderem bringen die Bürger mehr als fünf Megawatt Photovoltaik auf die Dächer, weitere drei Megawatt auf Freiflächen.

Energiewende von Bürgerhand: Solarcomplex

## Energiewende von oben: Irena als Gegenpol zu Atom und Kohle

Während auf diese Weise in ganz Deutschland lokale Initiativen (zu-nehmend auch Genossenschaften) Erhebliches zum Ausbau der Solar-energienutzung leisten, braucht es andererseits aber auch eine Orga-nisation auf höchster internationaler Ebene, die für die erneuerbaren Energien kämpft. Im Januar 2009 wird auch diese endlich Realität: In Bonn wird – 19 Jahre nach dem ersten Vorstoß – die Internationale Agentur für erneuerbare Energien gegründet, kurz genannt: Irena. Ihr Standort wird Abu Dhabi.

Die Irena soll einerseits ein Gegengewicht sein zur bestehenden In-ternationalen Atomenergie-Organisation (IAEO) in Wien, die nicht nur die Atomwirtschaft kontrolliert, sondern zugleich als deren Lobby auf-tritt. Und viel mehr noch soll die Irena ein Gegenpol zur Internationa-len Energie-Agentur (IEA) in Paris werden. Denn diese deckt das Thema

„Wenn man eines Tages die Namen von aktuellen Spitzenpolitikern längst vergessen haben wird, speziell jene der SPD, dann wird man sich immer noch erinnern an einen herausragenden Weltpolitiker, Intellektuellen und Humanisten unserer Zeit. An Hermann Scheer."

*taz, 16. Oktober 2010*

← ■

Weltrekord: fünf Megawatt auf einem Dach in Bürstadt

Vielfalt für Architekten:
farbige Solarzellen

Farbe im Einsatz:
Gebäudeprojekt home+ der
Hochschule für Technik
Stuttgart beim Architektur-
wettbewerb „Solar Decathlon
Europe 2010" in Madrid

Erneuerbare nur unzureichend ab; sie gilt als „Sprachrohr von Atomenergie, Kohle, Öl und Gas", wie es etwa beim Deutschen Naturschutz-
ring heißt.

Entsprechend publiziert die IEA bis 2008 noch Prognosen, nach
denen im Jahr 2030 die weltweite Nachfrage nach Öl bei 116 Millionen Barrel pro Tag liegen soll, gegenüber einem aktuellen Wert von 85
Millionen Barrel. Kritiker sehen in den Zahlen jedoch eine durch die
Interessen der fossilen Energiewirtschaft geleitete Fehlinformation –
solche Mengen Öl seien gar nicht vorhanden. Im November 2008 reduziert die IEA ihre Prognose für 2030 dann bereits auf 106 Millionen
Barrel und Ende 2010 auf 99 Millionen – was vermutlich noch immer
zu hoch ist. Gleichwohl gilt der jährliche World Energy Outlook der IEA
noch immer als die Bibel der etablierten Energiewirtschaft.

Irena soll in Zukunft Gegenpositionen schaffen. Treibende Kraft
dahinter ist zwei Jahrzehnte lang der SPD-Bundestagsabgeordnete und
Eurosolar-Präsident Hermann Scheer, der bereits im Jahr 1990 ein
Memorandum für eine „International Solar Energy Agency (ISEA)" ge-
schrieben hatte. Im Januar 2009 unterzeichnen rund 50 Staaten das
Gründungspapier der Irena. Ende 2010 sind fast 150 Staaten dabei.

Doch allzu viel hört man zu diesem Zeitpunkt noch nicht von
der neuen Organisation. Widerspruch zum alljährlichen Blick der IEA
in die Glaskugel kommt stattdessen von der Energy Watch Group,
einer Denkfabrik, die von der Ludwig-Bölkow-Stiftung getragen wird.
Sie stellt bereits im Jahr 2008 fest: „Peak Oil ist jetzt." Die weltweite
Ölförderung habe „mit großer Wahrscheinlichkeit das Fördermaxi-
mum bereits überschritten".

Die Lücke werden allein die erneuerbaren Energien füllen können.
Für die Solarenergie sind das sonnige Zeiten.

# Eierschneider in der Zellenfabrik

## Die Drahtsäge macht aus Siliziumblöcken dünne Scheiben – Bandziehverfahren tun sich schwer

Am Anfang stehen die Siliziumkristalle – wahlweise zylindrische Einkristalle oder polykristalline Blöcke. Sie werden als Ingots bezeichnet und müssen in Scheiben (Wafer genannt) zerlegt werden. Das geschieht jedoch nicht per Laser, wie häufig vermutet, sondern mit einer Drahtsäge nach dem Prinzip Eierschneider. Ein Laser würde über die Dicke des Blocks wegdiffundieren und somit keinen geraden Schnitt hervorbringen.

Eine Drahtsäge zerlegt innerhalb von mehreren Stunden einen Siliziumblock in einige Tausend hauchdünne Scheiben. Der Stahldraht kommt von einer Rolle und wird über Walzen so umgelenkt, dass er für jeden Schnitt einmal über den Ingot geführt wird. Seine Geschwindigkeit beträgt zwölf Meter pro Sekunde. Weil ein Rollenwechsel während des Sägens nicht möglich ist, muss der Draht bis zu 1100 Kilometer lang sein. Er darf keine Lötstellen haben.

Der Draht ist aktuell typischerweise 160 Mikrometer dick. Korrekt betrachtet sägt aber nicht der Draht selbst, sondern es sind winzige Siliziumcarbid-Partikel, die mit Glykol vermengt den Draht umspülen. So werden bei jedem Schnitt mit einem 160-Mikrometer-Draht rund 210 Mikrometer Silizium zerrieben. Bei Scheiben von aktuell zumeist 180 Mikrometern Dicke geht also gut die Hälfte des Blocks verloren – ein teurer, aber unvermeidbarer Verlust. Die Suche nach noch dünneren Drähten ist heikel: Reißt der Draht, ist der ganze Siliziumblock schrottreif. Denn ein neuer Draht lässt sich nicht einfädeln.

Dutzende Alternativen zur Drahtsäge hat man schon ausprobiert, die meisten aber wieder verworfen. Grundsätzlich attraktiv sind Bandziehverfahren, die das Silizium direkt in dünnen Schichten auskristallisieren lassen. Eines ist das RGS-Verfahren (Ribbon Growth on Substrate), es erzeugt Wafer durch Auf-

*Der wirtschaftlichste Weg zum Wafer: die Drahtsäge*

bringen von Silizium auf ein Trägermaterial. Weil dabei leichte Verunreinigungen auftreten, ist diese Technik über das Pilotstadium noch nicht hinausgekommen.

Daneben gibt es die ESP-Methode (Edge Supported Pulling). Sie nutzt den Seifenblaseneffekt: Zwei hocherhitzte Kohlenstoff- oder Quarzfaserfäden werden vertikal durch einen Tiegel mit flüssigem Silizium gezogen, so dass sich aufgrund der Oberflächenspannung ein dünner Siliziumfilm bildet, der beim Abkühlen auskristallisiert. An den Wirkungsgrad von Zellen aus gesägten Wafern kommt diese Technik aber bislang nicht heran.

Außerdem gibt es das EFG-Verfahren (Edge-defined Film-fed Growth). Dabei wird ein Silizium-Oktagon aus der Schmelze gezogen und anschließend gesägt (siehe Seite 130/131). Diese Technik galt lange als das fortschrittlichste Bandziehverfahren, sie konnte dennoch gegenüber dem Sägen von Ingots wirtschaftlich nicht bestehen.

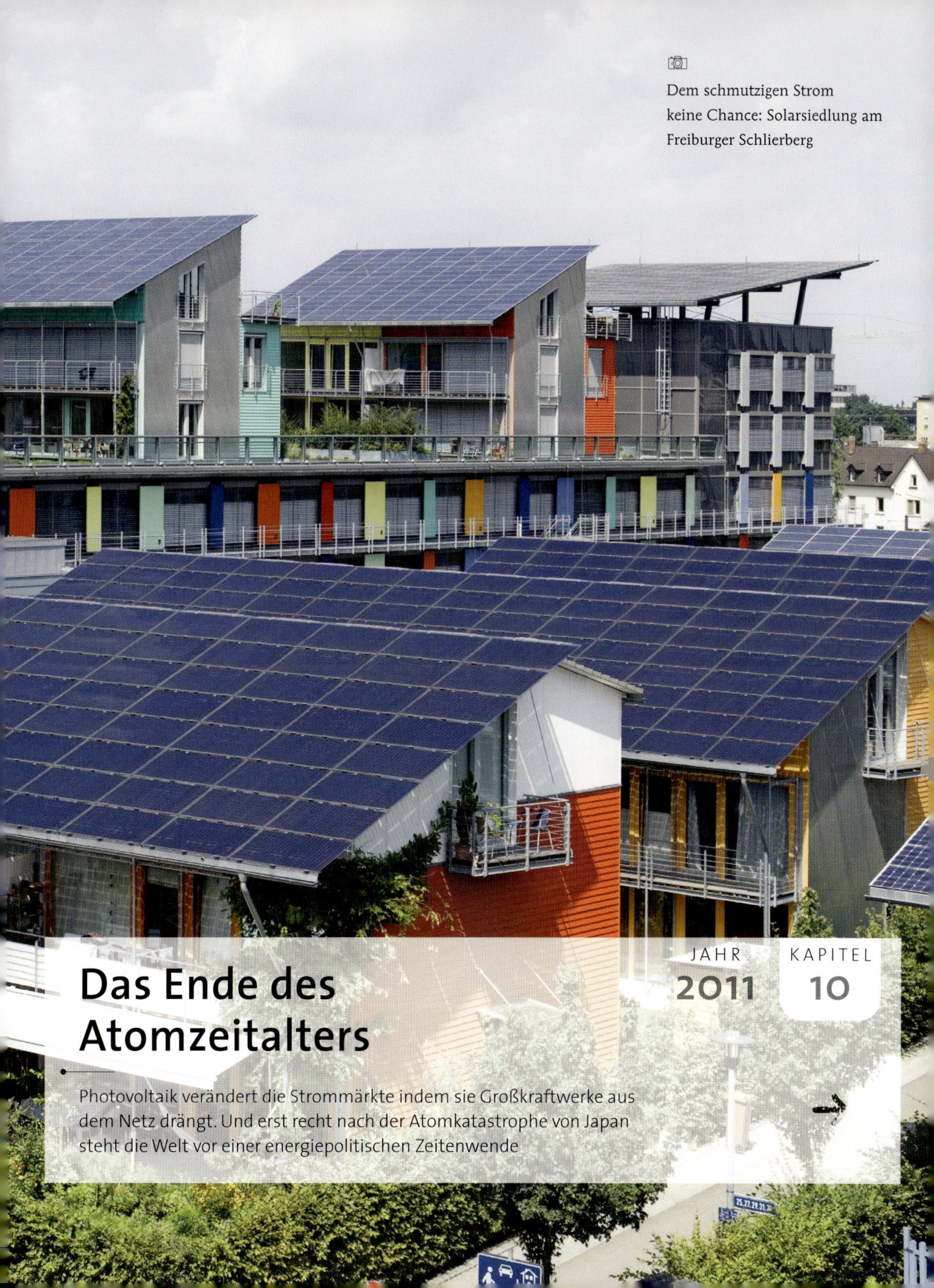

Dem schmutzigen Strom keine Chance: Solarsiedlung am Freiburger Schlierberg

JAHR 2011

KAPITEL 10

# Das Ende des Atomzeitalters

Photovoltaik verändert die Strommärkte indem sie Großkraftwerke aus dem Netz drängt. Und erst recht nach der Atomkatastrophe von Japan steht die Welt vor einer energiepolitischen Zeitenwende

■ →
Solare Vielfalt: Dächer in
Sasbach am Kaiserstuhl

■ →
Kreative Solararchitektur:
im niederländischen
Egmond aan Zee

Solardaten fast in Echtzeit:
Internetseite des Wechsel-
richterherstellers SMA

D ie Solarenergie ist erwachsen geworden. Es ist Sommer 2010, und in Deutschland sind Photovoltaikanlagen mit 14 000 Megawatt Nennleistung am Netz. Zwar liegt der Höchstwert der Leistung in der Praxis niedriger, da niemals alle Anlagen gleichzeitig maximalen Ertrag bringen, dennoch wird die symbolträchtige Schwelle von 10 000 Megawatt Einspeisung in diesem Sommer zeitweise überschritten.

Aber es geht nicht nur um Symbolik in diesen Sommertagen 2010. Erstmals beginnen sich die Strommärkte ebenfalls für die Solarenergie zu interessieren, denn plötzlich ist die Sonne an der Strombörse preisrelevant. Bei wolkenlosem Himmel wird Strom bereits spürbar billiger gehandelt als an trüben Tagen. Das liegt an dem vergrößerten Angebot – klassische Marktwirtschaft eben.

Dass Stromhändler sich für die Wetterprognosen interessieren, kennt man seit Jahren vom Wind, dort wirkt die Meteorologie schon lange auf die Preise. Bei der Sonne ist das Phänomen neu, und so stellt ab Sommer 2010 die Leipziger Strombörse EEX nicht nur die täglichen Solarprognosen ins Internet, sondern auch stündlich die Daten des tatsächlich erzeugten Solarstroms.

Besonders in Süddeutschland, wo die meisten Anlagen stehen, erreicht die Sonne zeitweise üppige Anteile am Strommix – in Baden-Württemberg sind es an sonnigen Julitagen des Jahres 2010 zeitweise 20 Prozent. Die Photovoltaik ersetzt damit bereits für einige Stunden ein ganzes Atomkraftwerk.

Dass es bei solchem Erfolg Gegner geben muss, liegt auf der Hand. Sie machen ihre Kritik an den Kosten fest – und so entbrennt Ende 2010 die Debatte um das Erneuerbare-Energien-Gesetz (EEG). Denn die Mehrkosten des Solarstroms werden über eine Umlage von den Stromkunden bezahlt. Im Jahr 2011 entrichten Haushalte für jede verbrauchte Kilowattstunde 3,53 Cent zugunsten des Ökostroms, im Jahr zuvor waren es erst 2,05 Cent. Rund die Hälfte des Betrags entfällt auf die Förderung des Solarstroms, der Rest auf Windkraft, Bioenergie, Wasserkraft und Geothermie.

Geführt wird die Kostendebatte natürlich zum einen vonseiten der fossil-atomaren Energiewirtschaft. Aber selbst Freunde der Solarenergie befürworten inzwischen eine weitere Absenkung der Vergütungen trotz eines Abschlags von 13 Prozent zum Jahresbeginn 2011.

Ökonomisch sind solche Überlegungen folgerichtig. Denn durch den unerwartet starken Zubau der Photovoltaik im Jahr 2010 hat sich

Das leistet Photovoltaik in Deutschland
Relative Leistung vom 06.09.2010–13:15 Uhr

PV-Tagesgang Deutschland
in % der installierten PV-Leistung

Aktuelle PV Leistung Deutschland*
10.1 GW

155

# Saharastrom für Europa

Projekt Desertec: 20 Konzerne wollen zusammen in Nordafrika solare Großkraftwerke bauen

Die Pläne zum Bau riesiger Solarkraftwerke in Nordafrika werden konkreter. 20 Konzerne kommen im Juli 2009 in München zusammen und unterzeichnen eine entsprechende Absichtserklärung: 400 Milliarden Euro sollen investiert werden, um ab 2020 in der Sahara Strom zu erzeugen. Die Münchener Rück und die Hamburger Desertec Foundation sind die Initiatoren des Projektes, mit dabei sind unter anderem Siemens, ABB, RWE, Eon und die Deutsche Bank, aber auch der Club of Rome.

Die Pläne sind ambitioniert. In den Großkraftwerken soll die Sonne einen Wärmeträger erhitzen, der anschließend eine Turbine mit Generator antreibt. Über riesige Gleichstromtrassen soll der Strom dann nach Europa gebracht werden. Siemens rechnet vor, dass eine Fläche von 300 mal 300 Kilometern in der Sahara ausreichen würde, um den gesamten Energiebedarf der Erde zu decken.

Doch bislang sind die technischen und ökonomischen Rahmenbedingungen noch völlig unklar, zumal es erhebliche politische Unsicherheiten in den betreffenden Ländern gibt. Ohne Finanzhilfen und Bürgschaften jener europäischen Staaten, die den Strom abnehmen wollen, ist das Projekt kaum realistisch.

Dessen Perspektiven sind somit schwer abschätzbar. Zumal die dezentrale Sonnenernte auf den heimischen Dächern längst in harter wirtschaftlicher Konkurrenz zum Wüstenstrom steht: Photovoltaik auf dem eigenen Dach wird in Deutschland bereits ab 2012 billiger sein als der Strom aus der Steckdose. Und je billiger die Photovoltaik wird, umso mehr stellt sich die Frage, ob die höhere Einstrahlung im Süden die Kosten der Großanlagen und der gigantischen Übertragungskabel wirklich wird kompensieren können.

Grundsätzlich neu ist die Idee von der Energie aus Afrika übrigens nicht. „Das, was jetzt in der Wüste geplant wird, haben wir in den 70er Jahren alles schon beschrieben", sagt Carl-Jochen Winter, einer der Vordenker der Idee vom Solarwasserstoff. Nur sah sein Plan vor, die Wüstensonne nicht per Kabel, sondern in Form von Wasserstoff nach Europa zu bringen. Zwar sei die Herstellung von Wasserstoff aufwendiger als der Stromtransport, sagt er. Aber je länger das Kabel werde, umso attraktiver werde das Gas: „Ab etwa 1000 Kilometern ist der Wasserstoff im Vorteil." Man könne ihn per Kryotankschiff weltweit transportieren: „So, wie man es mit verflüssigtem Erdgas macht." Daran freilich dürften Firmen wie Siemens und ABB wenig Interesse haben – sie sind in der Elektrotechnik zu Hause.

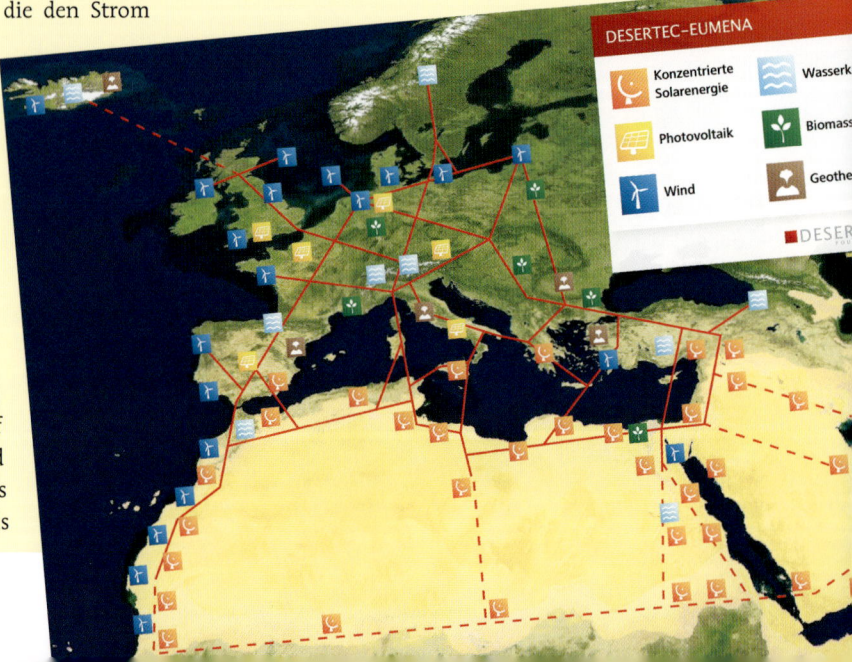

der Preis der Module stärker als vorhersehbar reduziert. Preis und Produktionsmenge hängen – wie bei jeder Technik – eng miteinander zusammen. Gemäß der sogenannten Preiserfahrungskurve sinkt der Preis der Module bislang mit jeder Verdopplung der kumulierten Produktion um 20 Prozent. Wächst der Markt schneller als erwartet, fallen die Preise entsprechend stärker.

Natürlich ist die Photovoltaik ein Reizthema für jene, denen sie die Gewinne kappt – etwa die etablierte Stromwirtschaft. „Mit zunehmenden Erzeugungskapazitäten baut sich eine irrsinnige Welle an Kosten auf, die auf uns zurollt", tönt es im Herbst 2010 aus Richtung des Stromkonzerns Vattenfall. Und durch das Rheinisch-Westfälische Institut für Wirtschaftsforschung (RWI), das personell sehr eng mit dem Stromkonzern RWE verflochten ist, wird gar die Forderung erhoben, den Ausbau der erneuerbaren Energien zu deckeln.

Nachführung per Seil: „Solar-Wings-Anlage" in Flums in der Schweiz

Helfer assistieren: Der Ausbau der Photovoltaik müsse „schnell drastisch eingeschränkt werden", fordert im Oktober 2010 Stephan Kohler, der Chef der Deutschen Energie-Agentur (dena): „Ich halte einen Deckel für den Photovoltaikausbau von einem Gigawatt pro Jahr für sinnvoll." Das wäre eine Vollbremsung nach einem Zubau von sieben Gigawatt im Jahr 2010.

Besonders bizarr: Die dena veröffentlicht im November 2010 ihre sogenannte „Netzstudie II", die Aufschluss über die künftige Struktur des Stromnetzes geben soll. Darin kalkuliert sie für das Jahr 2020 mit 17,9 Gigawatt Photovoltaik – das wäre ein sofortiger Stopp jeglichen Zubaus. Denn Ende 2010 sind bereits 17,3 Gigawatt am Netz. „Praktisch wertlos" sei die Studie, findet deshalb das Magazin *Photon*.

Berechnungen wie jene der dena sind Teil einer Jahrzehnte währenden Strategie, die Solarenergie kleinzurechnen – sei es vorsätzlich oder aus Unkenntnis heraus. Auch dena-Chef Kohler spricht im Jahr 2010 von einer „gerade noch verträglichen Marke von 30 Gigawatt Solarstrom im Jahr 2020". Mehr, so seine Argumentation, schaffe das Stromnetz nicht. Dazu muss man wissen: Kohler vertritt eine Institution, die zur Hälfte im Eigentum von vier Bundesministerien ist. Und die Regierung hat soeben eine Laufzeitverlängerung für Atomkraftwerke beschlossen.

Andere Kritiker der solaren Entwicklung agieren subtiler. EU-Energiekommissar Günther Oettinger, einstiger Ministerpräsident Baden-Württembergs, sagt Anfang 2011: „Solaranlagen müssen künftig dort entstehen, wo die Sonne scheint." Das ist grundsätzlich richtig. Genauso zutreffend wäre aber auch ein anderer Satz gewesen: „Solaranlagen müssen künftig dort entstehen, wo der Strom gebraucht wird." Den aber sagt Oettinger nicht.

Der Energiekommissar ist auf Linie der etablierten Stromwirtschaft. Und deren Interesse an einem Stopp des Solarbooms ist im Jahr 2011 klar erkennbar, schmälert doch die Sonne die Gewinne der Konzerne inzwischen erheblich. Unter anderem durch die Menge des Stroms:

„Ziel ist es, spätestens 2016 den gesamten Strombedarf eines Hauses auf dem Dach zu produzieren. Zu Kosten von rund 17 Cent plus 8 Cent für die Speicherung. Mit 25 Cent je Kilowattstunde wird der Solarstrom dann unter den Tarifen für Haushaltsstrom liegen."

*Frank Asbeck, Dezember 2010*

Bundesweit erzeugt die Sonne im Jahr 2010 bereits rund zwölf Milliarden Kilowattstunden und deckt damit zwei Prozent des Strombedarfs. Im Jahr 2011 werden es drei Prozent sein – womit in gleichem Maße andere Energiequellen verdrängt werden. Das schmerzt natürlich.

Zumal in Deutschland schon seit Jahren mehr Strom erzeugt als verbraucht wird; im Jahr 2010 liegt der Stromexport-Überschuss bei 18 Milliarden Kilowattstunden. Die vermeintliche Stromlücke, die von der etablierten Energiewirtschaft gerne als Grund für längere Atomlaufzeiten oder den Neubau von Kohlekraftwerken benannt wird, liegt also fern.

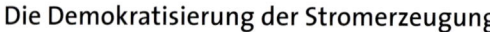
Wo die Monokristalle wachsen: Ingotproduktion bei Bosch in Erfurt

→
2,30 Meter lang, gut 170 Kilogramm schwer: Ingot aus monokristallinem Silizium

Daten: AG Energiebilanzen

## Die Demokratisierung der Stromerzeugung

Das wirkliche Problem der Konzerne: An den Solarkraftwerken verdienen nicht sie selbst, sondern vor allem die Bürger. „Die Energieversorgung in Deutschland wird zunehmend zur Familienangelegenheit", schreibt im April 2010 der Bundesverband Solarwirtschaft. Denn Bundesbürger investierten im Vorjahr 6,22 Milliarden Euro in die Solarenergie. Das ist mehr, als die vier großen Energieversorger zusammen im gleichen Zeitraum in den Neu- und Ausbau von Kraftwerken steckten, nämlich gerade 4,28 Milliarden Euro. So ändert sich mit der Photovoltaik nicht nur der Strommix, sondern auch die Eigentümerstruktur in der Energiewirtschaft; eine Demokratisierung der Stromerzeugung findet statt.

Darüber hinaus spürt die etablierte Stromwirtschaft den Rückgang der Strompreise an der Börse, der durch den Solarstrom induziert wird. Bisher konnten die Betreiber von Kohle- und Atomkraftwerken ihren Strom in den Mittagsstunden zu besonders hohen Preisen verkaufen, weil aufgrund der großen Nachfrage in diesen Zeiten der Preis am Spotmarkt hoch war. Seit nun aber viele Gigawatt an Solarstrom ins Netz drängen, ist der Strom am Mittag oft kaum noch teurer zu verkaufen als zu anderen Stunden des Tages. Und bald schon wird der Mittagsstrom sogar billiger sein. Den Betreibern der Großkraftwerke entgehen damit beträchtliche Einnahmen: Pro Kraftwerk und Tag können die Mindererlöse einen sechsstelligen Eurobetrag erreichen.

Noch etwas macht der etablierten Energiewirtschaft zu schaffen – es ist der sich anbahnende Systemkonflikt: In einer Stromwirtschaft mit hohem Anteil fluktuierender

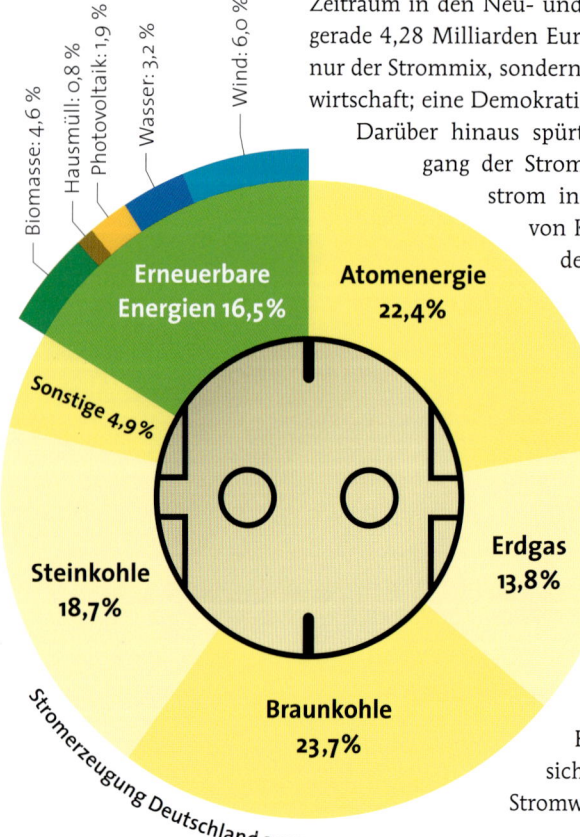

Biomasse: 4,6 %
Hausmüll: 0,8 %
Photovoltaik: 1,9 %
Wasser: 3,2 %
Wind: 6,0 %

Erneuerbare Energien 16,5 %
Atomenergie 22,4 %
Sonstige 4,9 %
Erdgas 13,8 %
Steinkohle 18,7 %
Braunkohle 23,7 %

Stromerzeugung Deutschland 2010

159

Moderne Energie, alter Hof:
In Breitnau im Schwarzwald

Handwerk setzt auf die Sonne:
Anzeige, 2011

Stromerzeuger wie Wind und Sonne sind träge Großkraftwerke auf Dauer nicht mehr zu gebrauchen. Man benötigt vielmehr flexible, am besten auch dezentrale Erzeuger, wie kleine Blockheizkraftwerke (BHKW), deren Betrieb sich kurzfristig an das Angebot der Erneuerbaren anpassen lässt. Mit den 1000-Megawatt-Blöcken des heutigen Kraftwerksparks lässt sich das nicht mehr organisieren. Man muss sich also entscheiden, auf welche Technik man in Zukunft schwerpunktmäßig setzt, auf die erneuerbaren Energien oder auf unflexible Großkraftwerke. Mit dem EEG ist die Entscheidung eigentlich gefallen.

## Zeitenwende 2012: Solarstrom wird billiger als Netzstrom

Während sich die etablierte Energiewirtschaft auf die Kosten der Photovoltaik einschießt, wird die Höhe der Einspeisevergütung in den nächsten Jahren jedoch an Bedeutung verlieren. Denn schon im Jahr 2012 wird die gesetzliche Einspeisevergütung für Solarstrom ähnlich hoch liegen wie der Preis des Haushaltsstroms aus der Steckdose. Und im Folgejahr sogar darunter (siehe rechts).

Damit wird eine neue Phase der Photovoltaik beginnen. Denn je mehr die Gestehungskosten des Solarstroms den Preis des Steckdosenstroms unterschreiten, umso mehr verliert die Höhe der gesetzlichen Vergütung an Bedeutung. Das zeigt ein Dreisatz: Nehmen wir an, die Kilowattstunde aus dem Netz kostet 25 Cent, der Strom vom Dach nur noch 15 Cent. Nehmen wir weiter an, ein Haushalt verbraucht die Hälfte des erzeugten Stroms selbst. Dann bräuchte die Anlage für den eingespeisten Überschussstrom nur noch eine Vergütung von fünf Cent, um wirtschaftlich zu arbeiten. Und je größer die Preisdifferenz von Netz- und Solarstrom wird, umso eher rechnen sich Stromspeicher im Haus. Damit werden netzautarke Lösungen wieder attraktiv.

So wird die Netzparität die Photovoltaik weiter beflügeln. Zumal Kosten stets relativ sind: Solarpionier Hermann Scheer rechnete einst vor, dass eine abgeschriebene Solaranlage Strom für 1,5 Cent je Kilowattstunde erzeugen kann. Und das schafft kein Atom- oder Kohlekraftwerk, selbst wenn es noch so sehr abgeschrieben ist.

Und dennoch: Obwohl die Bedeutung der Einspeisevergütung sinkt – die Energiewende wird auch weiterhin ein EEG brauchen. Wichtig ist zum Beispiel, dass der Netzbetreiber den Ökostrom bevorzugt abnimmt.

Ein massives Hemmnis wäre außerdem ein Deckel, wie ein Blick in die Schweiz zeigt. Dort gibt es seit 2009 ebenfalls eine kostendeckende Vergütung für Solarstrom. Sie liegt im Jahr 2011 für die typische Aufdachanlage bis zehn Kilowatt bei 48,3 Rappen je Kilowattstunde. Die Vergütungen sind für 25 Jahre fix. Ähnlich der deutschen Regelung legen die Schweizer die Mehrkosten auf die Stromkunden um. Trotzdem kommt die Photovoltaik bei den Eidgenossen kaum voran, denn sie

# Staatlich unterstützte Lernkurve

Kaum noch teurer als Strom aus der Steckdose: Photovoltaik vor der Netzparität

Als Ende des 19. Jahrhunderts in Mitteleuropa der Ausbau der Wasserkraft begann, war der Strom aus den Flusskraftwerken sehr teuer: Volle zwei Stunden musste der durchschnittliche Industriearbeiter um 1900 arbeiten, um sich eine Kilowattstunde Strom leisten zu können. Übertragen auf die heutigen Löhne (Nettolohn 2009: 14,09 Euro) wäre das ein Preis von rund 28 Euro pro Kilowattstunde. Tatsächlich bezahlen Haushalte im Jahr 2009 aber nur 22,72 Cent – gemessen an der Kaufkraft ist der Strompreis in einem Jahrhundert also auf ein Hundertstel gefallen.

Und genau das ist das Problem des Solarstroms: Eine Technik, die ihre Lernkurve noch vor sich hat, trifft auf einen Markt, der von Kraftwerkstypen dominiert wird, die ihre Preisdegression bereits abgeschlossen haben. Dass der Neuling in dieser Situation unter reinen Marktbedingungen keine Chance hat, liegt auf der Hand. Also brauchte die Photovoltaik eine staatliche Hilfe bei der Markteinführung, die ihr das Erneuerbare-Energien-Gesetz (EEG) gewährte.

Immerhin war der Solarstrom schon vor dem Start des EEG mit 1,50 Mark (also 0,75 Euro) je Kilowattstunde bereits deutlich billiger als die Wasserkraft und die Kohle in ihren Anfängen – bemessen jeweils am Einkommen der Bürger. Bis auf rund 30 Cent je Kilowattstunde ist der Preis des Solarstroms im Jahr 2011 inzwischen gesunken.

Kritiker der Photovoltaik rechnen trotzdem vor, dass der Solarstrom noch immer weit von der Rentabilität entfernt sei, schließlich wird die Kilowattstunde Strom im Großhandel an der Strombörse für fünf bis sechs Cent gehandelt. So verbreitet der Vergleich ist, korrekt ist er nicht. Denn Solarstrom wird in der Regel dezentral erzeugt, also dort, wo er benötigt wird. Folglich bemisst sich die Wirtschaftlichkeit der Photovoltaik für den privaten Hauseigentümer nicht am Strompreis im Großhandel, sondern allein an dem Preis, den er für Strom aus der Steckdose bezahlt.

Und davon ist die Photovoltaik nicht mehr weit entfernt. In großem Tempo nähern sich beide Kurven immer weiter an, weil der Netzstrom jährlich um einige Prozent teurer wird, während der Preis des Solarstroms aufgrund der zunehmenden Fertigungsmengen stetig und deutlich sinkt. Treffen sich die beiden Kurven, spricht man von Netzparität. Und das werden sie nicht erst in ferner Zukunft, sondern vermutlich bereits im Jahr 2012 – womit der Ausbau der Photovoltaik einen weiteren Schub bekommen dürfte.

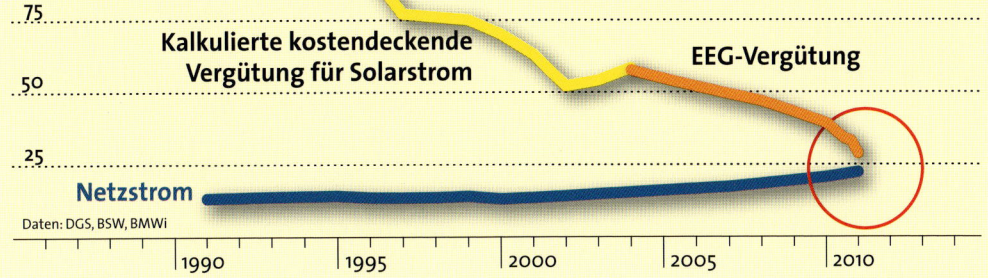

125 Cent pro kWh

100

75

**Kalkulierte kostendeckende Vergütung für Solarstrom**

**EEG-Vergütung**

50

25

**Netzstrom**

Daten: DGS, BSW, BMWi

1990 · 1995 · 2000 · 2005 · 2010

Prozesswärme von der Sonne: Brauerei Hofmühl in Eichstätt

„Für eine effiziente großtechnische Nutzung der Solarenergie scheint in Deutschland zu selten die Sonne. Der Solaranteil an der Energieerzeugung wird auch 2020 noch bei gerade mal einem Prozent liegen. Solartechnik wird uns nicht dabei helfen, eine größere Energielücke zu schließen."

*Hans-Peter Villis,*
*Vorstandschef der EnBW,*
*im März 2009*

▦ →
Absorberfertigung: bei KBB Kollektorbau in Berlin

▦ →
In Reih und Glied: Kupferschlangen im Warenlager

▦ →
Automatisiert: Kupferrohre werden verlötet

haben in ihrem Gesetz einen Deckel eingezogen. Dieser besagt, dass der Strompreis für die Verbraucher durch die Förderung der erneuerbaren Energien nur um 0,9 Rappen je Kilowattstunde steigen darf. Lange Wartelisten für Investoren sind die Folge.

Und damit dümpelt der Markt: Die Schweiz kommt Ende 2010 erst auf rund 100 Megawatt installierter Photovoltaik – pro Kopf ist das gerade ein Fünfzehntel des deutschen Wertes. Dabei hatte die Schweiz 20 Jahre zuvor noch die Nase vorn; sie erzeugte einst – gemessen an der Bevölkerungszahl – fünfmal so viel Solarstrom wie Deutschland.

## Industrielle Wärme von der Sonne – und auch Kälte

Weniger im politischen Fokus als die Photovoltaik steht unterdessen die Solarthermie. Aber auch sie entwickelt sich in Deutschland prächtig. Zum Jahresende 2010 sind 1,5 Millionen Solarthermieanlagen mit einer Fläche von zusammen 14 Millionen Quadratmetern installiert; ihre thermische Leistung liegt bei annähernd zehn Gigawatt. 1,15 Millionen Quadratmeter wurden allein im Jahr 2010 installiert.

Deutschland ist mit Abstand der größte Markt für Solarthermie in Europa. An zweiter Stelle liegen etwa gleichauf Italien, Spanien und Österreich. Der Endkundenabsatz der deutschen Solarthermiebranche liegt im Jahr 2010 bei etwa einer Milliarde Euro, doch er hängt stark am Ölpreis: Im Jahr 2008, als das Barrel Rohöl zeitweise fast 150 Dollar kostete, lag der Umsatz mit 1,7 Milliarden Euro noch deutlich höher.

Angefangen hat die Solarthermie auf privaten Dächern. Doch inzwischen gibt es auch zunehmend Firmen, die Sonnenenergie zur Gewinnung von Prozesswärme nutzen. Ein Beispiel ist die Privatbrauerei Hofmühl im bayerischen Eichstätt: 1284 Quadratmeter Vakuumröhrenkollektoren versorgen den Betrieb seit August 2009 mit heißem Wasser. Vor allem für Reinigungsprozesse werden die Temperaturen von bis zu 130 Grad Celsius genutzt, aber auch zum Beheizen von mehr als 1000 Quadratmeter Büroflächen. Eine Brauerei ist prädestiniert für die Nutzung der Sonne: Da sie im Sommer das meiste Bier verkauft, braucht sie dann am meisten Wärme.

Ähnlich günstig ist die Erzeugung von Kälte durch Solarenergie, weil auch hier Energieangebot und -bedarf zeitlich übereinstimmen. Entsprechende Anlagen nutzen Sorptionsverfahren und erzeugen mit diesen Kälte durch Verdampfung eines Kältemittels. Aber sie setzen nicht wie die konventionelle Kältetechnik Strom als Antriebsenergie ein, sondern Solarwärme. In Deutschland gibt es heute etwa 100 solcher Anlagen, schätzt Ursula Eicker, Bauphysikerin an der Fachhochschule Stuttgart, weltweit seien es rund 500. Grundsätzlich ist die solare Kühlung geeignet für Büro- und Verwaltungsgebäude, Verkaufsräume, Kliniken, Gewerbebetriebe und Hotels. Vor allem in südlichen Ländern ist sie die ideale Technik gegen Überhitzung von Räumen.

# Strom vom Spiegelfeld

Nichts für diffuse Sonnenstrahlung: das Solarkraftwerk in Jülich

Anders als eine Photovoltaikanlage, die Sonnenlicht mittels Halbleitern direkt in Strom umwandelt, nutzt ein solarthermisches Kraftwerk die Wärme der Sonne, um mit dieser eine Wärmekraftmaschine – zum Beispiel eine Dampfturbine – anzutreiben.

In Jülich bei Aachen steht seit 2008 ein Versuchskraftwerk dieser Art. Es besteht aus mehr als 2000 Spiegeln, zusammen rund 18 000 Quadratmeter groß. Diese Spiegel – sogenannte Heliostate – sind drehbar gelagert und werden dem Gang der Sonne nachgeführt. So bündeln sie die Strahlen in einem 22 Quadratmeter großen Feld an der Spitze eines 60 Meter hohen Turmes und konzentrieren das Sonnenlicht auf diese Weise 800-fach. Bei Temperaturen von 700 Grad Celsius entsteht Wasserdampf mit einem Druck von 27 Bar, der über eine Dampfturbine einen Generator antreibt. Die elektrische Spitzenleistung des Kraftwerks liegt bei 1,5 Megawatt, ein Wärmespeicher gleicht kurzzeitige Schwankungen der Sonneneinstrahlung aus.

Die Stadtwerke Jülich, das Solar-Institut der Fachhochschule Aachen, das Deutsche Zentrum für Luft- und Raumfahrt (DLR) in Köln und die Firma Kraftanlagen München haben das Kraftwerk gemeinsam realisiert. Das Herzstück, der sogenannte Receiver, der die Wärme aufnimmt und umsetzt, ist eine Entwicklung der Fachhochschule Aachen und des DLR.

*Hektarweise Spiegel: Heliostate in Jülich*

23,2 Millionen Euro haben die Projektpartner in das Kraftwerk investiert, das sind etwa 15 000 Euro pro Kilowatt. Die Anlage ist damit deutlich teurer als ein Photovoltaikkraftwerk, das zu diesem Zeitpunkt etwa 4300 Euro pro Kilowatt kostet. Auch die Leistung pro Quadratmeter ist bei der Photovoltaik noch etwas höher: Würde man die Spiegelfläche durch Solarzellen ersetzen, ließen sich gut zwei Megawatt Strom erzeugen.

Da solarthermische Kraftwerke im Unterschied zur Photovoltaik nur die direkte, nicht aber die diffuse Sonneneinstrahlung nutzen, gilt ihr kommerzieller Einsatz in Deutschland als ausgeschlossen. Die Technik eignet sich in erster Linie zur Nutzung in sonnenreichen Ländern; vor allem in Spanien und den USA sind Projekte in Planung und auch bereits im Bau.

*Im Brennpunkt: der Receiver*

# Dünner, effizienter, billiger – der solartechnische Fortschritt

Die gesamte Solarthermie hat sich mit dem Aufbau des Marktes auch technisch fortentwickelt. Die Erträge von Flachkollektoren wurden gesteigert durch bessere Isolation und Doppelverglasung, durch Kalknatrongläser statt Borosilicat und durch verbesserte Beschichtungen der Absorberbleche.

Billiger sind die Kollektoren außerdem geworden. Gemessen an der Wärmeleistung sank der nominale Preis in den letzten 20 Jahren um gut die Hälfte. Das hat vielfältige Gründe: Die Kupferbleche wurden immer dünner, es werden mitunter alternative Metalle (etwa Aluminium anstelle von Kupfer) eingesetzt, und man entwickelte neue Schweißverfahren, häufig mit Laser. Auch reine Skaleneffekte der Produktion machen sich bemerkbar.

Noch greifbarer sind die Fortschritte jedoch in der Photovoltaik. Für kristalline Siliziumzellen werden heute Wafer von rund 180 Mikrometer Dicke genutzt, fünf Jahre zuvor waren noch 300 Mikrometer üblich. In den Labors experimentieren Forscher unterdessen schon mit 40-Mikrometer-Wafern. Bislang können sie diese allerdings nur herstellen, indem sie dickere Wafer abschleifen, was freilich in der industriellen Fertigung weder ökonomisch sinnvoll noch technisch praktikabel ist.

Auch die Wirkungsgrade konnten im Laufe der Jahre gesteigert werden. Im Jahr 2003 erreichten die klassischen Siliziummodule eine Stromausbeute von 13 Prozent, heute kommen sie im Durchschnitt auf 16 Prozent. Spitzenmodule erreichen fast 20 Prozent. Ausschlaggebend für die verbesserte Ausbeute sind unter anderem verbesserte Dotierungs-, Beschichtungs- und Kontaktierungsverfahren. Zur Preissenkung beigetragen haben auch die zunehmend größeren Fabriken und die Standardisierung; Produktionslinien für Siliziumzellen werden heute von Anlagenbauern schlüsselfertig angeboten. Zudem wurden die spezifischen Kosten durch die Vergrößerung der Module von anfangs 50 bis 100 Watt auf nunmehr 200 bis 300 Watt gesenkt.

Für die Herstellung wird ferner immer weniger Energie benötigt. Die energetische Amortisationszeit einer Solaranlage inklusive aller Systemkomponenten (wie Wechselrichtern) liegt beim Einsatz kristalliner Siliziummodule unter den deutschen Einstrahlungsbedingungen

„Der Staat darf nicht auf einzelne Technologien setzen – schon gar nicht so ineffizient wie bei der Photovoltaik."

*Jürgen Großmann, Chef von RWE, im August 2010*

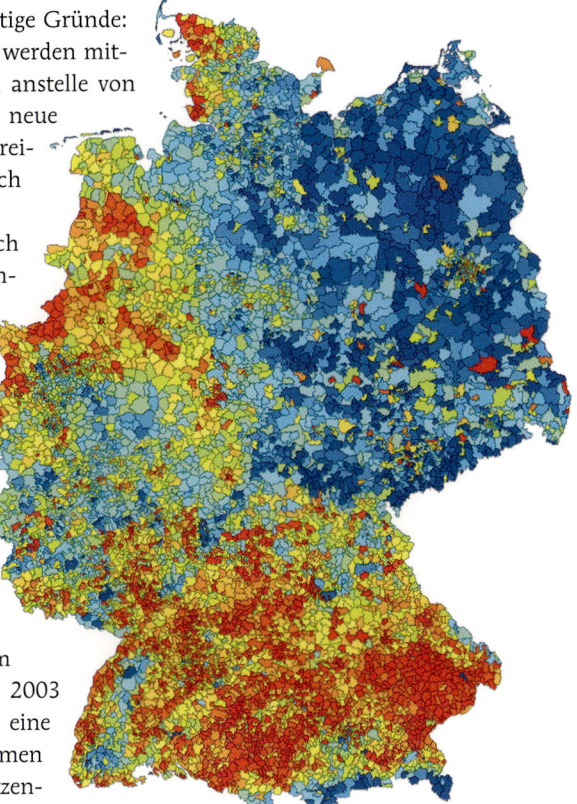

Rote Spitzenreiter: wo am meisten Solarstrom erzeugt wird, bemessen in Kilowatt pro Quadratkilometer, September 2010

Sonne rückt in den Vordergrund: Atomkraft unter Druck

■→
Solarstrom wird Standard: Zettingen in Rheinland-Pfalz

■→
Megawatt auf der Wiese: in Gebersdorf im Landkreis Aichach-Friedberg

inzwischen bei etwa dreieinhalb Jahren. Anlagen mit Dünnschicht-modulen liegen noch weitaus darunter. Die Lebensdauer hat sich stetig verbessert. Bis in die frühen 90er Jahre hinein gab es Module am Markt, die deutliche Leistungseinbußen bis hin zum Totalausfall nach einigen Jahren zeigten. Eindringende Feuchte war das Hauptproblem. Doch die Branche hat viel gelernt seither. Die Hersteller unterziehen ihre Produkte heute harten Tests, etwa zur beschleunigten Alterung. Die Wechselrichter sind heute so konzipiert, dass sie zwei Jahrzehnte überstehen können.

## Sonne schlägt stundenweise die Atomkraft

Unterdessen leisten Solaranlagen zunehmend einen Beitrag zur Stabilität des Stromnetzes. Anlagen, die Strom ins Mittelspannungsnetz einspeisen, müssen sich heute an der Spannungshaltung beteiligen können, also bei Spannungseinbrüchen mithelfen, Netzzusammenbrüche zu verhindern. Und zunehmend werden die Anlagen bei Bedarf auch kapazitive oder induktive Blindleistung bereitstellen müssen.

So wachsen die Anforderungen an den Solarstrom, den die Menschen zunehmend als wichtigen Bestandteil des Strommixes anerkennen. Und weil die erneuerbaren Energien bei den meisten Menschen sehr beliebt sind, gibt es keine Zweifel daran, dass sie sich rasant weiterentwickeln werden.

Vor allem die Sonnenenergie. Sie wird im Frühsommer 2011 in Deutschland die Marke von 20 Gigawatt installierter Kraftwerksleistung überschreiten und wahrscheinlich noch im gleichen Jahr ein symbolträchtiges Ereignis bescheren: Erstmals in der Stromgeschichte wird die Sonne stundenweise mehr Energie ins Netz speisen als alle hiesigen Atomkraftwerke zusammen. In großem Tempo soll es dann weitergehen. Laut einer „Roadmap 2020", präsentiert im November 2010 von der Solarbranche und den Beratungsfirmen Prognos und Roland Berger, soll die Photovoltaik binnen zehn Jahren auf 52 bis 70 Gigawatt ausgebaut werden. Damit wird die Sonne übers Jahr gerechnet einen Anteil von zehn Prozent am deutschen Strommix erreichen können.

Nach den Erfahrungen der Vergangenheit könnte es in der Realität allerdings noch schneller gehen, denn zumeist haben sich die Szenarien zur Entwicklung des Ökostroms als zu vorsichtig erwiesen. Selbst die Prognosen der Branche wurden oft haushoch übertroffen – ein seltenes Phänomen in der Wirtschaft.

Hinzu kommt, dass seit dem 12. März 2011 die Welt eine andere ist. Die verheerenden Atomunfälle in gleich mehreren Reaktoren im japanischen Fukushima werden die globale Energiepolitik gravierend verändern, viel stärker als es 25 Jahre zuvor die Katastrophe von Tschernobyl vermochte. Denn erstens ist Japan anders als die Ukraine ein hochtechnisiertes Land. Und zweitens haben die erneuerbaren Energien inzwischen eine ganz andere technische und auch ökonomische Reife erlangt – womit sich die Energiewende nun geradezu aufdrängt.

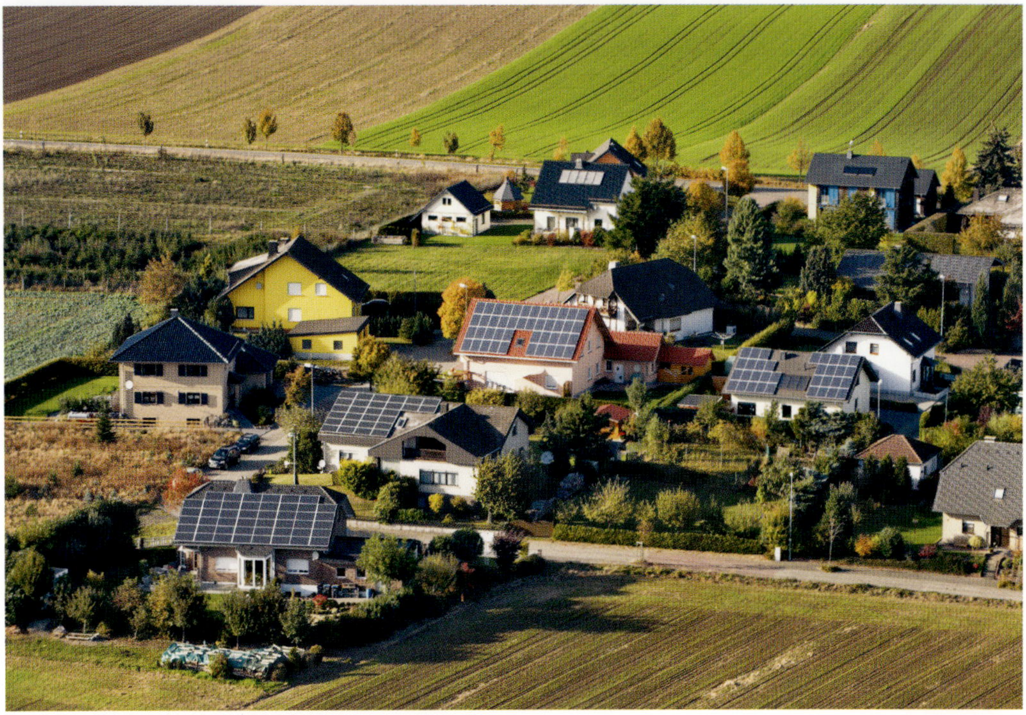

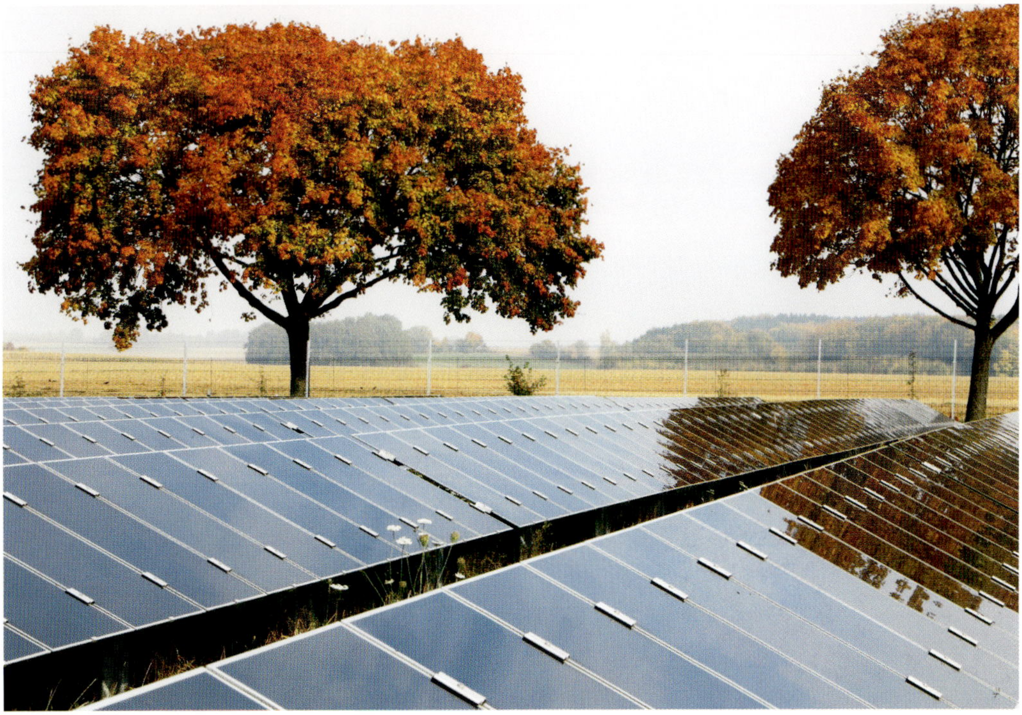

# Facetten der Sonnenwende

JAHR
2011

KAPITEL
11

Die Entwicklung der Solarenergie steht erst am Anfang. Die Technik
wird sich ebenso fortentwickeln wie die gesellschaftliche Diskussion
über den besten Weg ins solare Zeitalter – ein Ausblick in Bildern

## Wafer kontra Dünnschicht

Im Jahr 2010 erzielen kristalline Siliziumzellen einen Anteil am Weltmarkt von 77 Prozent. Ihre Fertigung beginnt mit der Gewinnung des Halbmetalls aus Quarzsand. Aus kristallinen Siliziumblöcken werden anschließend per Drahtsäge Scheiben von etwa 0,2 Millimeter Dicke gefertigt, sogenannte Wafer. Diese werden dotiert (mit Fremdatomen versehen), beschichtet, kontaktiert, in Reihe verschaltet und in Module eingebettet. Im Wettbewerb zu dieser Technik stehen die Dünnschichtmodule, deren Marktanteil steigt. Bei ihrer Herstellung werden die photoelektrischen Schichten hauchdünn auf Glas abgeschieden und anschließend per Laser strukturiert (Bild oben: Modul auf Basis amorphen Siliziums). Welche Technik sich durchsetzt, ist offen.

## Wie hältst du es mit dem Schwermetall?

In Kontakten und Lötzinn von Solarmodulen steckt oft Blei, in manchen Dünnschichtzellen auch Cadmium. Im November 2010 kocht das Thema politisch hoch, als das EU-Parlament über die Fortschreibung der RoHS-Richtlinie (Restriction of Hazardous Substances Directive) zu entscheiden hat. Das Ergebnis: Die Stoffe werden auch weiterhin in Solarmodulen toleriert. Erleichtert zeigt sich die Firma First Solar (Bild links), denn sie ist der weltgrößte Hersteller von Dünnschichtmodulen aus Cadmiumtellurid. Die Technik erreicht einen Weltmarktanteil von 15 Prozent. Die Debatte über Schwermetall wird trotzdem weitergehen.

## Monokultur

Blaue Zellen auf der grünen Wiese – ein rotes Tuch? (Bild links: Lieberose/Brandenburg; Bild oben: Helmeringen/Bayern) Freilandanlagen erzeugen heute den billigsten Solarstrom, denn sie sind groß und ohne Gerüst montierbar. Andererseits sind Solarparks ein Eingriff in die Landschaft. Sie verändern die Optik einer Region, sie verdrängen mitunter Landwirtschaft. Und sie machen aus bislang frei zugänglichen Erholungsflächen abgezäunte Areale. Ein typischer Interessenkonflikt.

## Nachbau der Photosynthese

Der Chemiker Michael Grätzel (großes Bild links), Professor an der Ecole Polytechnique Fédérale in Lausanne, erfand im Jahr 1990 eine elektrochemische Farbstoffsolarzelle, die er 1992 patentieren ließ. Seither liefert sie immer wieder Stoff für Visionen, denn sie nutzt zur Absorption des Lichtes kein Halbleitermaterial, sondern organische Farbstoffe (kleines Bild links). Zum Beispiel Chlorophyll. Damit ist sie billig produzierbar, außerdem ist sie flexibel (Bild oben). Ihr Wirkungsgrad ist mit zwölf Prozent im Labor schon ganz ordentlich. Die Langzeitstabilität der organischen Substanzen lässt jedoch noch zu wünschen übrig – und so geht die Forschung weiter.

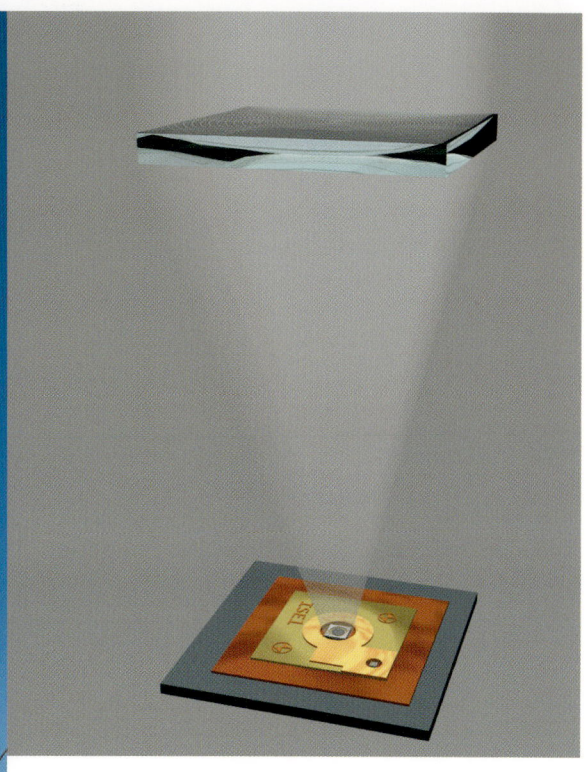

## Sonne – hochkonzentriert

Wer das Sonnenlicht bündelt, kann kleinere Zellen einsetzen. Die Firma Concentrix, eine Ausgründung des Fraunhofer ISE in Freiburg, fertigt solche Module, die aus einer Vielzahl von Hochleistungszellen (unter anderem aus Galliumarsenid) bestehen. Der Durchmesser der Zellen beträgt nur etwa zwei Millimeter. Auf diese trifft das Sonnenlicht 500-fach konzentriert auf, da jeder Zelle eine Fresnellinse vorangestellt ist. Alle Module mit integriertem Konzentrator haben jedoch einen Nachteil: Sie müssen zwingend dem Gang der Sonne nachgeführt werden. Eine Option vor allem für die Trockengürtel der Erde.

## Der Trick mit der Drehung

Ein Mehrertrag von über 30 Prozent ist möglich, wenn Solarmodule dem Gang der Sonne nachgeführt werden (Bilder: Erlasee bei Arnstein/Bayern). Verbreitet ist die astronomische Nachführung, die rechnerisch die Modulebene stets nach dem Sonnenstand ausrichtet. Alternativ gibt es auch Systeme, die sich an der Helligkeit des Himmels ausrichten; dann stehen die Module bei bedecktem Himmel auch schon mal horizontal. Auf Dächern freilich ist die Nachführung nur in Einzelfällen möglich. Die Perspektiven der Technik werden davon abhängen, wie man es künftig mit Freilandanlagen hält.

## Mit der Sonne mobil

Zu Wasser, zu Land und in der Luft – solare Mobilität funktioniert überall. Das unbemannte Leichtflugzeug Helios (Bild oben), von der Nasa und der kalifornischen Firma AeroVironment entwickelt, stieg am 13. August 2001 über Hawaii in 29 413 Meter Höhe – Weltrekord für nicht raketengetriebene Flugzeuge. Mit dem Flugzeug Solar Impulse (kleines Bild links) möchte der Schweizer Wissenschaftler und Abenteurer Bertrand Piccard 2012 die Erde in mehreren Etappen umrunden, nachdem er im Jahr 1999 bereits als erster Mensch die Erde in einem Ballon umkreiste. Und das Solarboot PlanetSolar (großes Bild links) ist im September 2010 mit sechs Personen an Bord gestartet, um die Erde zu umrunden.

## Solarenergie für die Welt

Die Zukunft der Solarenergie liegt nicht alleine in der Hochtechnologie. Die globale Energiewende braucht vielmehr pfiffige, aber einfache Lösungen für alle Teile der Erde – und diese verkörpert niemand besser als der Lörracher Physiker Jürgen Kleinwächter. Sein Sunpulse Water zum Beispiel – hier im portugiesischen Modellort Tamera – ist eine Wasserpumpe, die ohne Umweg direkt mittels Solarenergie Wasser fördern kann. Das geschieht per Stirling-Motor. Kleinwächter hat außerdem einen aufblasbaren Solarspiegel aus einem Fluorpolymer erfunden, diverse Lichtleiter und Wärmespeicher. Technologisch einfach, physikalisch clever.

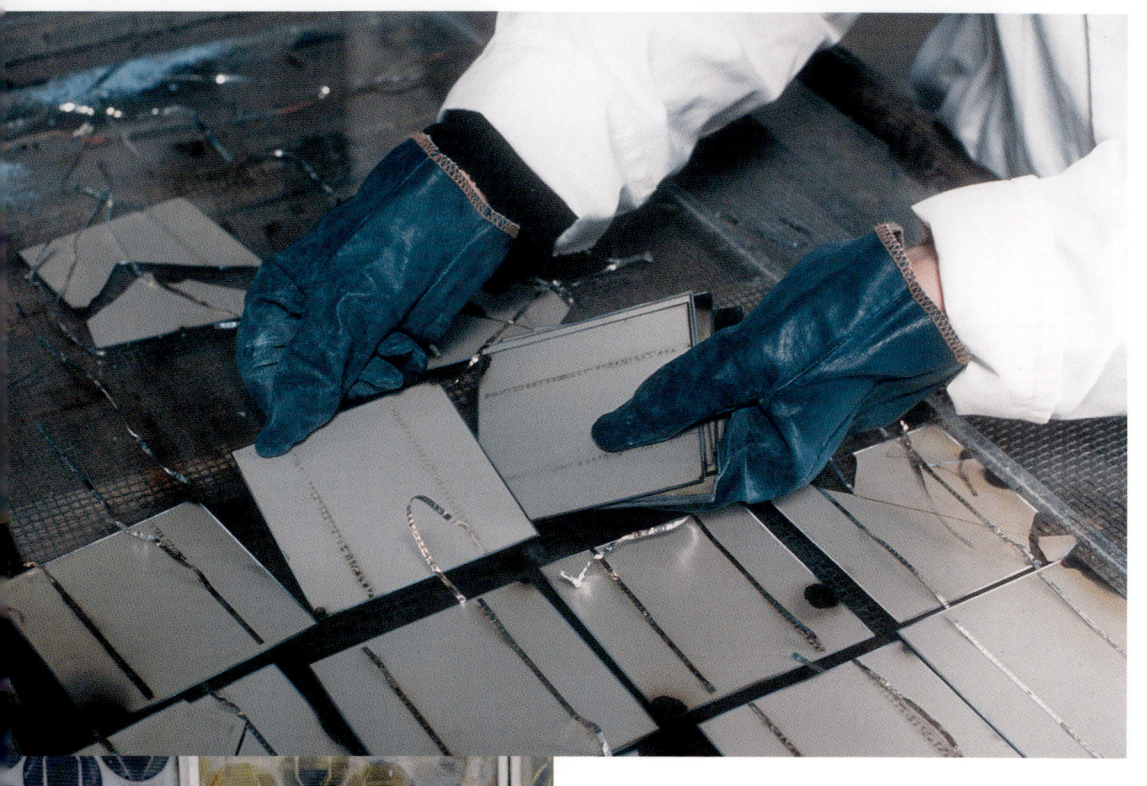

### Schlagwort „Double Green"

Die Solarbranche will umweltfreundlich sein im doppelten Sinn: „Erstens erzeugen wir umweltfreundliche Energie", heißt es beim Verbund der europäischen Photovoltaik-Industrie (Epia), „und zweitens werden wir künftig unsere Module recyceln." Zu diesem Zweck gründet die Solarindustrie im Juli 2007 den Verbund PV Cycle, der firmen- und technologieübergreifend die Wiederverwertung organisiert. (Bilder: Recycling bei Solarworld.) Der große Praxistest steht allerdings noch aus – was vor allem daran liegt, dass die anfallenden Mengen noch gering sind. Schließlich sind Solarmodule äußerst langlebig, sie können gut 30 Jahre lang ihren Dienst tun.

# Stichwortverzeichnis

# Bildnachweis

## Der Autor

### Bernward Janzing

Bernward Janzing war 13 Jahre alt, als er im Juni 1978 mit seinem Vater die Sonnentage in Sasbach am Kaiserstuhl besuchte. Besonders das dort ausgestellte Solarmobil blieb ihm in Erinnerung (Seite 44). Fortan ließen ihn die erneuerbaren Energien nicht mehr los, noch als Schüler baute er im elterlichen Garten eine Station zur Messung von Wind und Solarenergie auf.

1981 begann er für die Lokalzeitung in seiner Heimatstadt Furtwangen im Schwarzwald zu schreiben, im Sommer 1986 auch über die erste thermische Solaranlage in der Stadt. Nach einem Studium der Geografie, Geologie und Biologie in Freiburg und Glasgow sowie einem Volontariat bei der *Badischen Zeitung* machte er sich 1995 in Freiburg als Journalist mit Schwerpunkt erneuerbare Energien und Klimaschutz selbstständig. Seine Beiträge erschienen bisher unter anderem in *Spiegel* und *Zeit*, in zahlreichen Tageszeitungen (von *Financial Times Deutschland* und *Handelsblatt* bis zur *taz*) sowie in Fachmedien.

Im Jahr 2009 wurde Janzing für sein Buch „Störfall mit Charme" mit dem Umwelt-Medienpreis der Deutschen Umwelthilfe ausgezeichnet. Das Buch erzählt die Geschichte der Schönauer Stromrebellen. Im Jahr darauf erhielt er den Deutschen Solarpreis von Eurosolar in der Kategorie Medien.

**Vom Autor dieses Buches:**

**Störfall mit Charme**
Wie eine Elterninitiative, die sich nach Tschernobyl gründet, zu einem bundesweiten Stromversorger wird.

Mit Gastbeiträgen von Dieter Seifried, Martin Rasper und Fotografien von Jan Oelker.

Verlag: Doldverlag, ISBN: 978-3-927677-56-2, Preis: 18 Euro, 128 S., 185 Abb. durchgehend farbig, 22 x 17 cm, November 2008 erschienen.

**Zeitgeschichte, spannend wie ein Krimi**

Die Atomgeschichte hat interessante Charaktere hervorgebracht. Einen Atommanager, der die Seiten wechselt; einen Landrat, der sich quer stellt; einen jungen Zoologen, der den DDR-Staat durch Recherchen zum Uranabbau düpiert; einen Physiker, der das Ende der Ostreaktoren während der Wende besiegelt. Und viele mehr.

Der Autor hat sie getroffen und erzählt auch anhand ihrer Biografien die Atomgeschichte Deutschlands, Österreichs und der Schweiz. Er beschreibt die anfänglich so naive Atomeuphorie, dann die ersten Widerstände in den sechziger Jahren, und schließlich die Bauplatzbesetzungen in den Siebzigern und Achtzigern. Er schildert, wie die Atomwirtschaft mit Arroganz und Leichtfertigkeit den Widerstand immer wieder aufs Neue belebt, forciert durch die Katastrophen von Tschernobyl und Fukushima.

*Vision für die Tonne* ist die journalistisch aufgearbeitete Historie einer sozialen Bewegung, die wie keine andere die mitteleuropäische Nachkriegsgeschichte geprägt hat. Einer Bewegung, die beharrlich und kreativ war, die Alternativen suchte und fand, und die stets einen Querschnitt der Gesellschaft repräsentierte. All das machte sie – wenn auch erst spät – erfolgreich.

Bernward Janzing

Vision für die Tonne
Wie die Atomkraft scheitert

Picea Verlag, Freiburg
ISBN: 978-3-9814265-1-9
272 Seiten, 29 Euro

www.piceaverlag.de